Marion Dawidowski & Mareike Grün

VOGEL-HÄUSCHEN
SELBST GEMACHT

Von Vogelkundlern empfohlen!

INHALT

Kohlmeise

VÖGEL WILLKOMMEN!

Für viele Menschen ist es eine große Freude, heimische Vögel wie Stare, Meisen, Sperlinge und Rotkehlchen rund ums Haus zwitschern zu hören. Aber auch Wildbienen, Schmetterlinge und Käfer bringen Leben in den Garten. Naturnahe Gärten mit heimischen Bäumen, Sträuchern und Stauden bieten allen geschützte Verstecke, Nistmöglichkeiten und oft ein ausreichendes Futterangebot.

Sie können zusätzlich im Frühjahr in Ihrem Garten selbst gefertigte Nistkästen für die Vögel aufhängen oder aufstellen – sie sind nicht nur nützlich, sondern können auch überaus dekorativ sein: einfache Kästen, mit Astscheiben oder kleinen Zweigen dekoriert, oder ausgefallene Modelle wie ein bunt bemaltes Bücherregal, ein Baumhaus, eine Kuckucksuhr oder ein Campinganhänger. Auch Nisthilfen für Insekten aus naturnahen Materialien ermöglichen faszinierende Naturbeobachtungen. Im Winter locken originell gestaltete Futterplätze die Vögel in den Garten, z.B. eine Skihütte oder eine kleine Windmühle.

Mit ausführlichen Schritt-für-Schritt-Anleitungen, Sägeplänen und Bauskizzen sind alle Modelle auch mit kleiner Werkzeugausstattung leicht nachzubauen. Viele dieser außergewöhnlichen Modelle entstehen aus einfachen und natürlichen Materialien, die zum Teil im oder rund ums Haus zu finden sind. Zusätzlich erhalten Sie zahlreiche Tipps zum Aufstellen der Nistkästen und Nisthilfen sowie nützliche Hinweise zur Winterfütterung der Vögel.

Viel Freude beim Nachbauen und Beobachten der Vögel und Insekten wünschen Ihnen

Ihre Autorinnen

HINWEIS

Auf unserer Website **http://www.christophorus-verlag.de/de/unsere-buecher/service-download-zu-den-buechern.html** finden Sie die im Buch verkleinert dargestellten Vorlagen sowie die Bauskizze zu Nistkastenmodell 3 in Original-größe zum Ausdrucken

MATERIAL & TECHNIK

DAS HOLZ

- Für die Nistkästen nur massives, trockenes, möglichst ungehobeltes raues Holz verwenden, damit die Jungvögel besser zum Flugloch klettern können; 19 mm dicke, ungehobelte Fichten-, Kiefer- oder Tannenbretter sind ideal – die Materialstärke verhindert große Temperaturschwankungen im Innenraum. Die Bodenfläche sollte nicht weniger als 14 x 14 cm betragen.
- Wichtig: Sperrholz, Leimholz und Spanplatten sind nicht geeignet, da sie nicht ausreichend witterungsbeständig sind und Stoffe enthalten können, die für Vögel schädlich sind.
- Ungehobelte Bretter sind in Holzhandlungen oder Sägewerken in verschiedenen Maßen erhältlich. Baumärkte haben eher gehobelte Glattkantbretter (19 bis 25 mm Stärke). Diese können ebenfalls benutzt werden, auf der Kasteninnenseite müssen die Bretter jedoch angeraut werden.
- Kleine dekorative Holzteile oder Anbauten können aus wasserfest verleimtem Sperrholz ergänzt werden.
- Achtung: Den Maßen der Skizzen liegt eine Materialstärke von 19 mm zugrunde. Falls Sie andere Stärken verwenden, müssen die Maße angepasst werden.

DIE FARBEN

Für die gezeigten Modelle wurden ausschließlich speichelechte Holzlasuren und Acrylfarben auf Wasserbasis verwendet. Grundsätzlich nur die Außenwände der Nistkästen, Nisthilfen und Futterstellen bemalen. Verwenden Sie keinen Klarlack als Schutz vor Verwitterung, denn die Ausdünstungen können die Gesundheit der Vögel beeinträchtigen. Bei einigen ganzfarbig bemalten Modellen empfiehlt es sich, die Außenseiten mit weiß lasierendem Haftgrund (lösungsmittelfrei) vorzustreichen und erst danach mit Acrylfarben bunt zu gestalten.

HILFSMITTEL & WERKZEUGE

- Zum Übertragen der Vorlagen und Baupläne: Transparentpapier, Kopierpapier, Schere, Bleistift, Lineal, Zollstock oder Maßband, Winkeldreieck und Radiergummi.
- Für das Zusägen und Ausarbeiten der Holzteile: Stichsäge, Tischkreissäge (gerade Schnitte) oder Dekupiersäge; Bohrmaschine, Holzbohrer, Forstnerbohrer oder Lochsäge, Schleifpapier, Hammer, Kneifzange, Schraubendreher und Holzraspel.
- Zum Aufkleben von dekorativen Holzelementen: wasserfester Holzleim oder Heißkleber
- Für die Bemalung: Pinsel in verschiedenen Größen, Malerkrepp.

VORLAGEN ÜBERTRAGEN

- Die Maße den jeweiligen Anleitungen sowie den Sägeplänen, den Bau- und den 3D-Skizzen entnehmen und auf das Holz übertragen. Darauf achten, dass zwischen den Teilen, je nach Sägeblatt, etwa 4 mm Platz für den Sägeschnitt bleibt.
- Motivvorlagen mit Transparentpapier abpausen, die Zeichnung auf das Holz legen, Kopierpapier dazwischenlegen und alle Linien mit dem Bleistift nachfahren.

- Um Schablonen für die Bemalung herzustellen, die Vorlage auf Transparentpapier abpausen, auf Tonkarton kleben und das Motiv herausschneiden.

SÄGEN UND SCHLEIFEN

Die geraden Kanten der Einzelteile mit einer Tischkreissäge oder Stichsäge zuschneiden. Bögen und Tore mit der Stich- oder Dekupiersäge arbeiten. Für Innenausschnitte die Form zunächst vorzeichnen. Mit einem Holzbohrer ein Loch bohren, das Sägeblatt aus seiner Halterung lösen, durch die Bohrung fädeln und wieder einspannen. Nun den Innenausschnitt mit der Dekupiersäge heraussägen. Anschließend alle Kanten mit Schleifpapier leicht glätten.

EINFLUGLÖCHER BOHREN

Hier eignet sich besonders ein Forstnerbohrer oder eine Lochsäge. Beides ist in verschiedenen Durchmessern erhältlich. Möglichst einen Bohrständer verwenden und das Holz mit einer Schraubzwinge sichern. Ebenfalls geeignet ist eine Dekupiersäge.

MODELLE ZUSAMMENBAUEN

- Am einfachsten gelingt der Zusammenbau mit verzinkten Nägeln. Der Nagel sollte so lang sein, dass er durch das oben liegende Holz hindurch und mit mindestens der Hälfte seiner Länge in das untere Holz reicht. Damit dickere Nägel das Holz nicht sprengen, mit einem Bohrer, 2 mm Ø, etwa zwei Drittel der Länge vorbohren. Die Verbindung hält besser, wenn die Nägel leicht schräg eingeschlagen werden (Abb. 1).

- Eine festere Verbindung wird mit verzinkten Schrauben erreicht. Auch die Schraube soll mit mindestens der Hälfte ihrer Länge bis in das untere Holz reichen. Das vorgebohrte Führungsloch muss im Durchmesser etwa zwei Drittel der Schraubenstärke entsprechen. Sollen die Schraubenköpfe später nicht zu sehen sein, die erste Bohrung zusätzlich mit einem Bohrer im Durchmesser des Schraubenkopfes etwa 8 mm tief nachbohren (ein Stück Kreppklebeband nach 8 mm um den Bohrer wickeln; dies hilft, die Bohrlochtiefe zu bestimmen). Die Schraube ganz eindrehen und das Loch mit einem Stück Rundholz verschließen (Abb. 2).

- Achtung: Schrauben oder Nägel dürfen nicht in den Innenraum der Nistkästen ragen.

MODELLE BEMALEN

- Einige Motive mithilfe der Schablonentechnik aufmalen (Abb. 3). Die Schablone auf den Nistkasten legen. Mit dem Pinsel etwas Farbe aufnehmen, auf einem Papierrest abtupfen, bis er fast trocken ist, dann das Motiv der Schablone austupfen. Dabei darauf achten, dass keine Farbe unter den Schablonenrand gedrückt wird.

- Streifen und Karos lassen sich einfacher malen, wenn sie mit Kreppklebeband abgeklebt werden (Abb. 4).

Abb. 1   Abb. 2   Abb. 3   Abb. 4

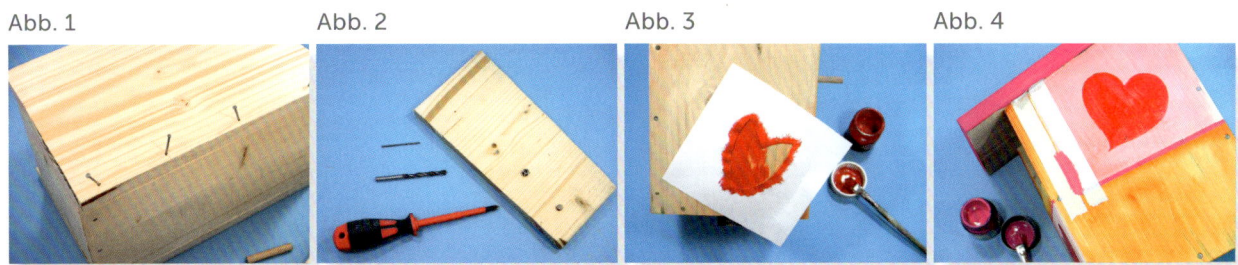

TIPPS UND HINWEISE

NATURNAHE GÄRTEN

Die in diesem Buch gezeigten Nistkasten-modelle sind für Nischen- und Höhlenbrüter geeignet. Die Vögel nehmen die Nistkästen jedoch nur an, wenn das Umfeld naturnah gestaltet und Futter vorhanden ist:

- Pflanzen Sie heimische Bäume und Sträucher, z.B. Haselnuss, Holunder, Schlehe, Hainbuche.
- Heimische Stauden oder eine wilde Blumen-wiese bieten Vögeln viel Nahrung, z.B. Insekten und Körner. Lassen Sie die Samen-stände z.B. von Königskerze, Fetthenne und Fingerhut bis zum Frühjahr stehen.
- Geschützte Verstecke für Vögel bieten vor allem heimische, dornige Sträucher.
- Bitte keine chemischen Pflanzenschutzmittel verwenden.
- Einen kleinen Teich anlegen oder eine Vogeltränke aufstellen (das Wasser regel-mäßig wechseln).
- Eine kleine sandige Ecke oder eine Schale mit Sand in der Sonne aufstellen: Die Vögel nehmen gern ein Sandbad zur Gefieder-pflege.
- Ein Totholzhaufen aus abgestorbenen und abgeschnittenen Ästen kann gleich mehrere Aufgaben erfüllen. Hier nisten Bodenbrüter. Außerdem finden sich hier viele Kleintiere als Nahrung. Zusätzlich bietet er auch einem Igel einen Unterschlupf.

Blaumeise

DAS EINFLUGLOCH

Die Größe des Einfluglochs entscheidet darüber, welche Vogelart in den Nistkasten einzieht.

Vollhöhlen für Höhlenbrüter:
- 28 mm Ø: Kleinmeisen (Blau-, Tannen-, Weiden- und Haubenmeisen)
- 32 mm Ø: Kohlmeise, Kleiber, Haus- oder Feldsperling
- 32 x 48 mm (oval): Gartenrotschwanz (braucht mehr Licht)
- 45 mm Ø: Star

Halbhöhlen für Nischenbrüter:
- Hausrotschwanz, Bachstelze, Grauschnäpper

TIPP

Damit größere Vögel oder Nesträuber das Einflugloch nicht vergrößern können, ein Aluminiumblech, 0,3 mm stark, vor das Einflugloch setzen. Das Blech ist im Fachhandel für Modellbau erhältlich.

STANDORTE FÜR NISTKÄSTEN

- Die ausgesuchte Stelle sollte etwas abgelegen und ruhig sein, möglichst nicht direkt an der Terrasse.
- Eine Höhe von 1,70 bis 2 m ist ausreichend, so kann der Nistkasten mit einer einfachen Leiter zum Reinigen erreicht werden.
- Das Einflugloch sollte nach Osten zeigen (nicht zur Wetterseite – Westen) und frei angeflogen werden können.
- Ein halbschattiger Platz verhindert große Temperaturschwankungen.
- Nistkästen mit gleich großer Einflugöffnung im Abstand von etwa 10 m aufhängen (Ausnahme: Sperlinge, die auch in Kolonien brüten), unterschiedliche Modelle können etwas näher zusammenhängen.
- Halbhöhlen können auch an der Hausfassade, möglichst unter einem Dachüberstand, angebracht werden.
- Die Nistkästen am besten schon im Herbst aufhängen. Einige Vögel überwintern darin gern.

WEITERE INFOTEXTE FINDEN SIE AUF FOLGENDEN SEITEN:

- **Seite 20**: Terrassenfenster sichern
- **Seite 22**: Nistkastenreinigung
- **Seite 24**: Hilflose Jungvögel
- **Seite 26**: Der Vogelspeiseplan
- **Seite 52**: Nisthilfen für Insekten
- **Seite 59**: Die Winterfütterung

NATURNAHE NISTKÄSTEN

Wer Vogelhäuschen mag, die sich farblich und vom Material her gut in den heimischen Garten einfügen, findet hier seine absoluten Lieblingsmodelle. Natürliche Deko wie Äste oder Birkenrinde und leichte Lasuren in Naturtönen machen diese Nistkästen zu einem attraktiven Vogelheim zwischen Ästen und Blättern.

NISTKASTENMODELLE 1 & 2
VOLLHÖHLE UND HALBHÖHLE

HINWEIS

Modell 1 (Vollhöhle) unterscheidet sich von Modell 2 (Halbhöhle) nur durch die Vorderseite.

1 Alle Teile laut Sägeplan zuschneiden. In das Bodenbrett vier bis fünf Löcher mit 5 mm Ø bohren, damit die Feuchtigkeit ablaufen kann. In das Vorderteil ein Einflugloch bohren (für jede Vogelart eine unterschiedliche Größe; siehe Seite 9). Je nach Anleitung eine Bohrung für die Sitzstange mit 6 mm Ø etwa 3 cm unter dem Einflugloch arbeiten. Entsprechend der Skizzen für Nägel und Schrauben vorbohren.

2 Zuerst die Rückwand am Boden befestigen, dann die Seitenteile bündig mit der Rückwand anbringen. Bei Modell 1 das Vorderteil oben mit nur zwei gegenüberliegenden Nägeln zwischen den Seitenteilen befestigen, damit es geöffnet werden kann. Bei Modell 2 kann das Vorderteil fest eingesetzt werden.

3 Das Dach bündig mit der Rückwand anbringen. Den Schraubhaken im unteren Drittel in die Kante des Seitenteils schrauben, damit er das Vorderteil verschlossen hält.

4 Den Nistkasten laut Anleitung und Foto bemalen. Je nach Anleitung ein Rundholz als Sitzstange in die entsprechende Bohrung stecken. Den Nistkasten aufhängen oder aufstellen (Anleitung Seite 17).

zu 2

zu 2

zu 2

zu 3

12

3D-SKIZZE

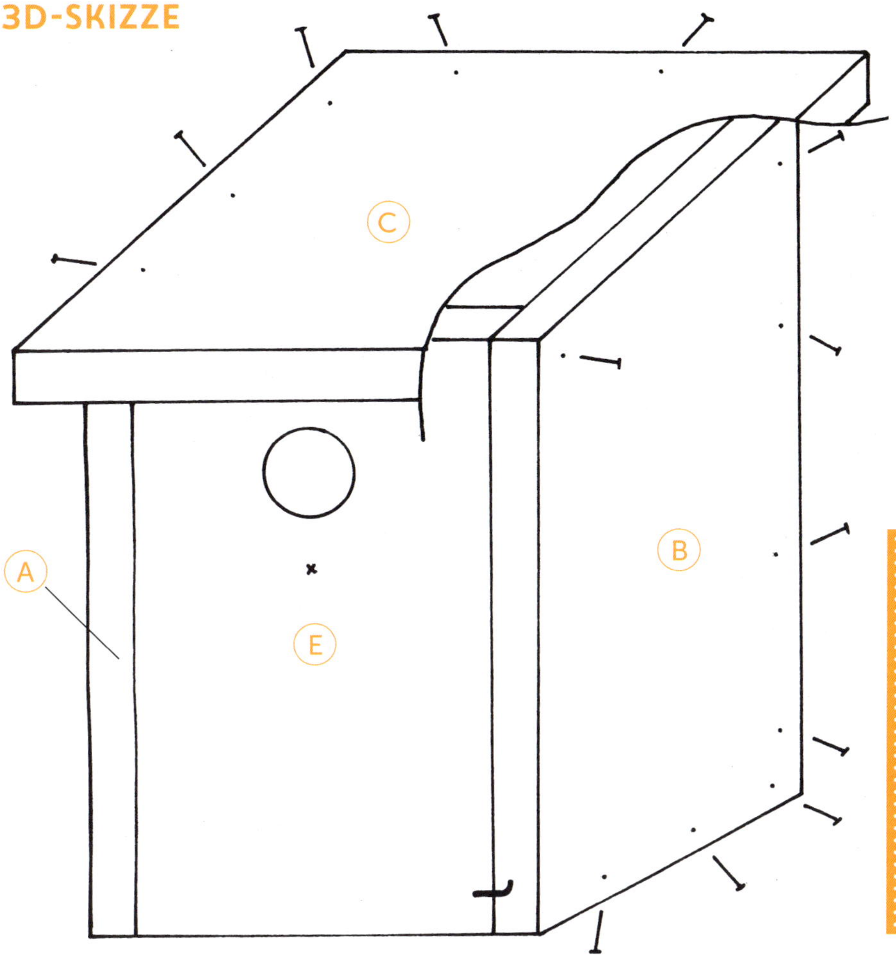

HINWEISE

- Bei veränderter Materialstärke muss das Seitenteil (18 cm) angepasst werden.
- Die genauen Materialangaben finden Sie bei den jeweiligen Modellen.

SÄGEPLAN

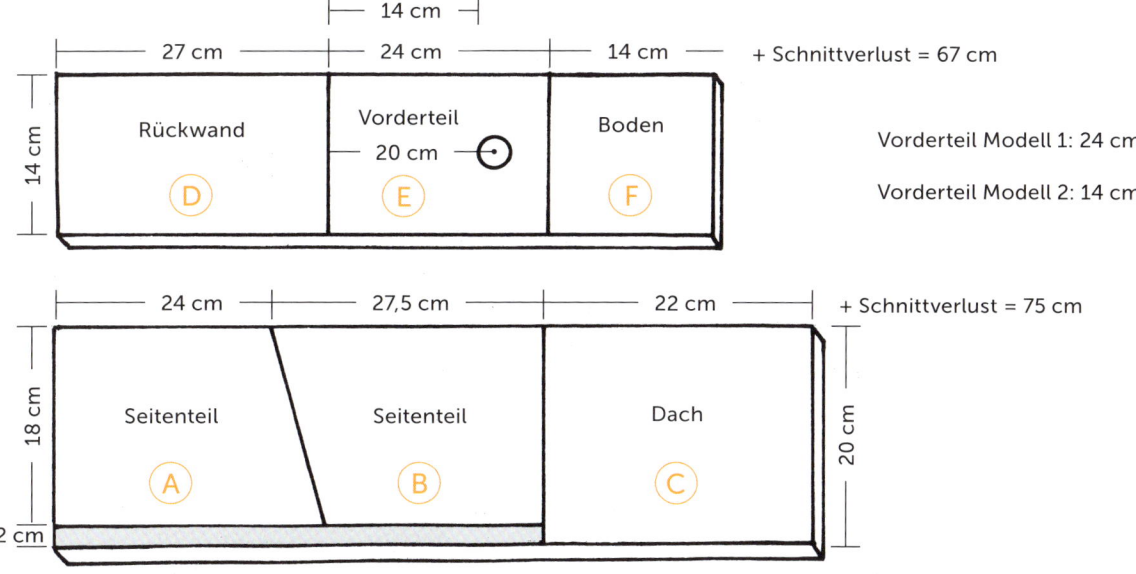

Rückwand D — 27 cm

Vorderteil E — 24 cm — 20 cm

Boden F — 14 cm

14 cm

+ Schnittverlust = 67 cm

14 cm

Vorderteil Modell 1: 24 cm

Vorderteil Modell 2: 14 cm

Seitenteil A — 24 cm

Seitenteil B — 27,5 cm

Dach C — 22 cm

18 cm

2 cm

20 cm

+ Schnittverlust = 75 cm

NISTKASTENMODELL 3
NISTKASTENTURM MIT FUTTERPLATZ

1 Alle Teile laut Sägeplan und Vorlage 2 (siehe Seite 70) zusägen und vorbohren (Seite 12, Schritt 1).

2 Die Seitenteile und die Böden entsprechend der Skizzen auf Seite 15 miteinander verschrauben.

3 Das rückwärtige Teil A anbringen und ein Klavierband an der Unterkante anschrauben. In das Teil B an der langen unteren Kante mittig einen 2 cm langen Einschnitt arbeiten und die kurze, gerade Kante am Klavierband befestigen. Einen Schraubhaken mittig in die Kante des Bodens eindrehen, er wird zum Öffnen senkrecht in den Sägespalt von Teil B gedreht. Das Vorderteil anschrauben.

4 Die Dachteile zusammensetzen und eine Ringschraube mittig auf der Dachinnenseite einschrauben. Das Dach mit gleichmäßigem Dachüberstand anbringen.

5 Den Nistkasten bemalen (Anleitung Seite 7) und aufhängen (Anleitung Seite 17).

zu 2

zu 3

zu 3

zu 4

3D-SKIZZE

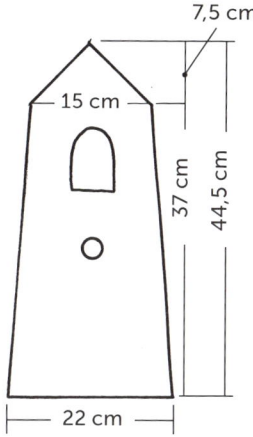

7,5 cm

15 cm

37 cm

44,5 cm

22 cm

SÄGEPLAN

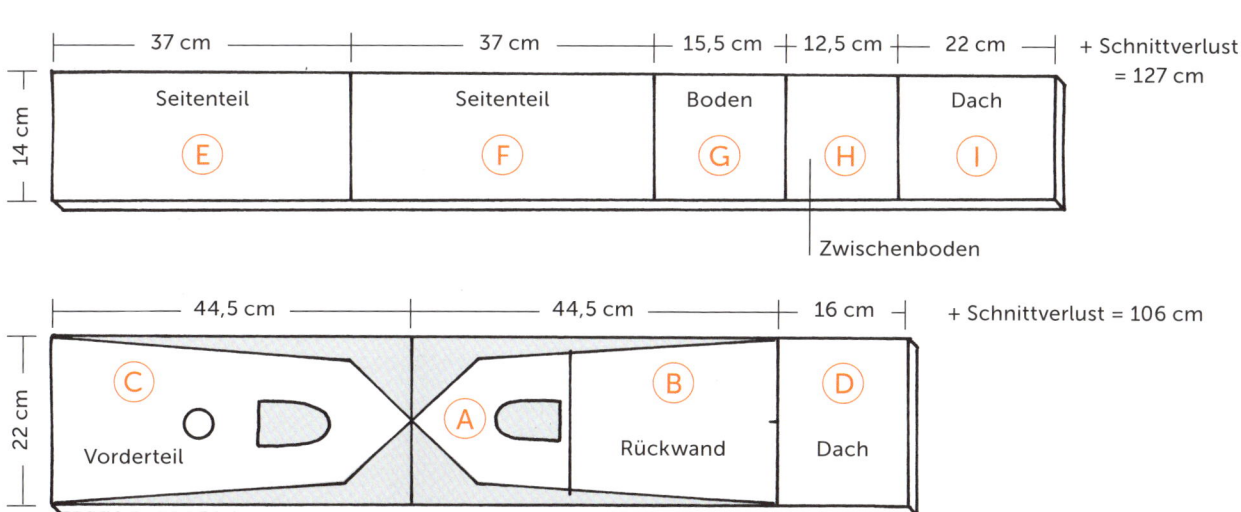

37 cm	37 cm	15,5 cm	12,5 cm	22 cm	+ Schnittverlust = 127 cm
Seitenteil	Seitenteil	Boden		Dach	
E	F	G	H	I	

14 cm

Zwischenboden

44,5 cm	44,5 cm	16 cm	+ Schnittverlust = 106 cm
C	A	B	D
Vorderteil		Rückwand	Dach

22 cm

NISTKASTENMODELL 3

BAUSKIZZE

HINWEISE

Auf unserer Website **http://www.christophorus-verlag.de/de/unsere-buecher/service-download-zu-den-buechern.html** finden Sie die Bauskizze auch in Originalgröße zum Ausdrucken.

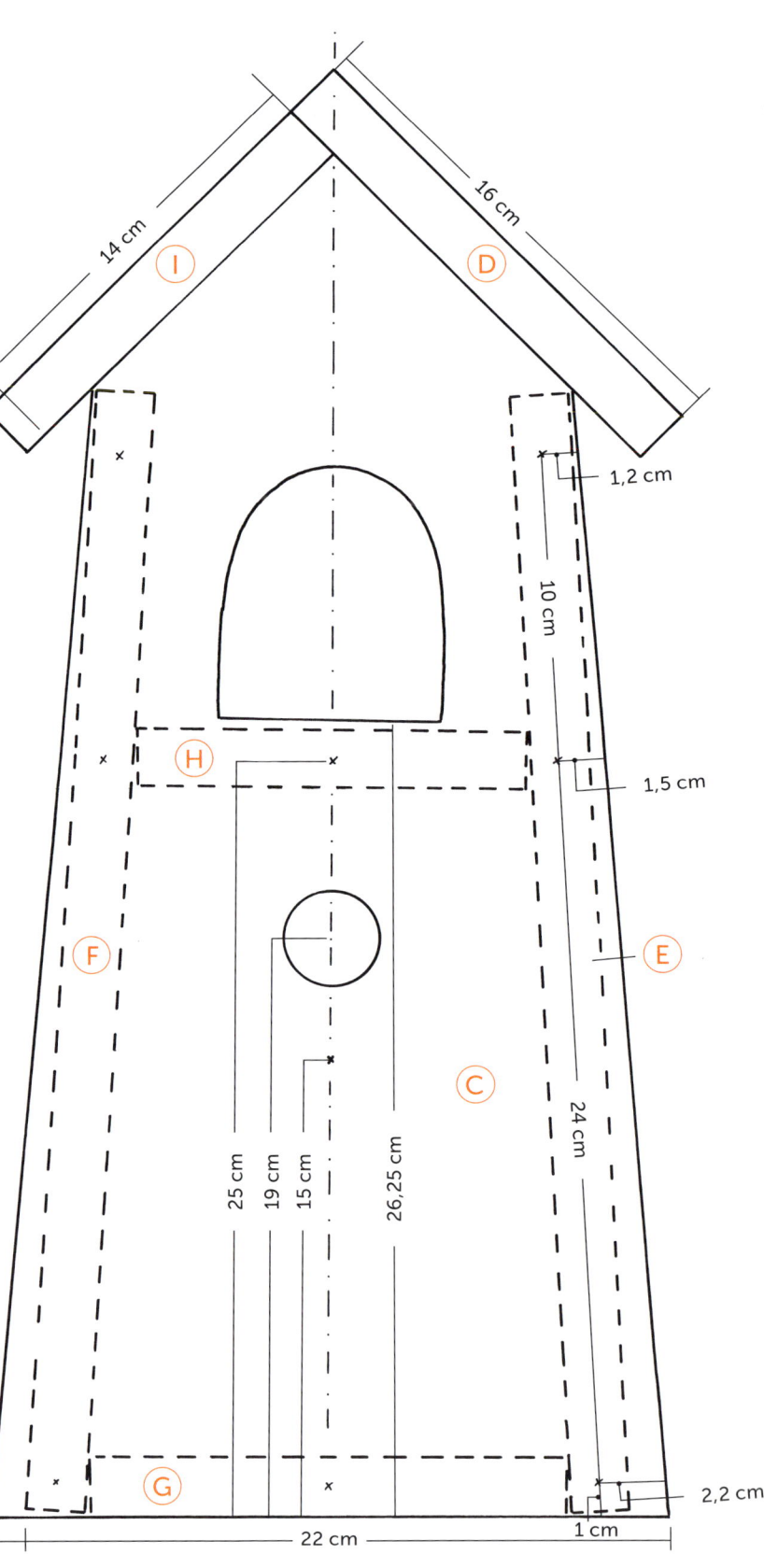

14 cm — I

16 cm — D

1,2 cm

10 cm

1,5 cm

H

F

E

C

25 cm

19 cm

15 cm

26,25 cm

24 cm

G

2,2 cm

22 cm

1 cm

NISTKÄSTEN BEFESTIGEN

HOLZLEISTENAUFHÄNGUNG (Abb. 1)

Die Holzleiste (möglichst Hartholz) an beiden
Enden durchbohren und mittig auf die Rückseite des Nistkastens schrauben. Mit Aluminium-
nägeln den Nistkasten am Baum befestigen
oder mit einer Schnur anbinden. Diese Methode
ist geeignet für die Nistkastenmodelle 1 und 2.
Material: Holzleiste, 2,4 x 4,8 cm, 50 cm;
2 Schrauben, 3,5 x 40 mm; Schnur oder
2 Alunägel

DRAHTAUFHÄNGUNG (Abb. 2)

In das Dach des Nistkastens auf jeder Seite
mittig je eine Ringschraube eindrehen. Aus
Bindedraht einen Bügel formen, ein Stück
Gartenschlauch aufziehen und die Drahtenden
an den Ringschrauben befestigen. Geeignet
für alle Nistkastenmodelle.
Material: 2 Ringschrauben, 2 x 12 mm; Bindedraht, 1,2 mm Ø, 60 cm; Gartenschlauch, 15 cm

VIERKANTHOLZ AUFSTELLEN (Abb. 3)

Das Vierkantholz mit Metallwinkeln am Boden
des Nistkastens anschrauben. Das andere
Ende im Boden verankern (z. B. eingraben).
Geeignet für alle Nistkastenmodelle.
Material: Vierkantholz, 4,5 x 7 cm, 200–250 cm;
2 Metallwinkel, 3 x 3 cm; 8 Schrauben, 3,5 mal
25 mm

Abb. 1

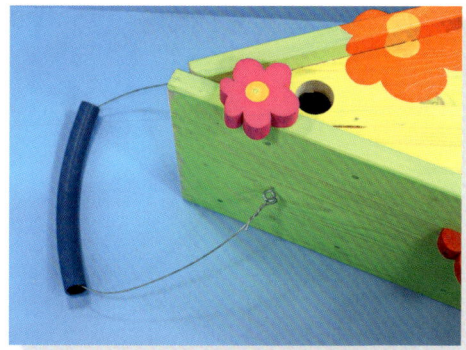

Abb. 2

Abb. 3

HINWEISE

Tipps zu Standorte für Nistkästen
finden Sie auf Seite 9.

ASTSCHEIBEN & BIRKENRINDE

MATERIAL

(Nistkastenmodell 1)

• Brett, 19 mm, 14 x 67 cm
• Brett, 19 mm, 20 x 75 cm
• 24 Nägel, verzinkt, 2 x 40 mm
• Rundholz, 6 mm Ø, 5 cm
• Schraubhaken, 2,8 x 30 mm
• Astscheiben, schräg geschnitten, ca. 3 cm breit
• Birkenrinde
• Birkenzweige
• Acrylfarbe in Braun
• Holzleim
• Zusätzliches Material für die Befestigung siehe Seite 17

Vorlage 1, Seite 70

1 Den Nistkasten nach der Grundanleitung (Seiten 6 bis 7) zusägen und zusammenbauen. Eine Bohrung für die Sitzstange mit 6 mm Ø ausführen.

2 Den Nistkasten mit stark verdünnter brauner Farbe lasieren. Die Astscheiben laut Foto auf das Dach leimen.

3 Die Blüten und die Vögel nach der Vorlage auf die Rinde übertragen und je nach Materialstärke mit einer Schere oder Dekupiersäge ausschneiden. Die Blüten und die Vögel an dem Nistkasten befestigen. Einige Birkenzweige als Blütenstiele aufkleben.

4 Die Sitzstange (Rundholz) in die Bohrung stecken. Die Befestigung für den Nistkasten anbringen.

Star

RAUTEN & PUNKTE

MATERIAL

(Nistkastenmodell 3)

- Brett, 19 mm, 14 x 127 cm
- Brett, 19 mm, 22 x 106 cm
- Rundholz, 6 mm Ø, 5 cm
- 35 Schrauben, 3,5 x 40 mm
- 6 Schrauben, 2 x 17 mm
- Schraubhaken, 2,8 x 30 mm
- Ringschraube, 2 x 12 mm
- 4 Stiftnägel, 0,9 x 13 mm
- Klavierband, 17 cm
- Alublech, 0,3 mm, 7 x 7 cm
- Dachpappe, 14 x 24 cm
- Dachpappenstifte, 2 x 20 mm
- Acrylfarben in Hellgrün, Grün, Pink, Blau
- Futterkugel
- Zusätzliches Material für die Befestigung siehe Seite 17

Vorlagen 2, 3, Seite 70

1 Nach der Grundanleitung (Seiten 6 bis 7 und 14 bis 16) den Nistkasten zusägen und zusammenbauen. Eine Bohrung für die Sitzstange mit 6 mm Ø ausführen.

2 Das Dach pinkfarben, die Seitenwände je zur Hälfte in einem der Grüntöne grundieren. Die grafischen Muster nach Vorlage 3 mithilfe der Schablonentechnik (Anleitung Seite 7) aufmalen.

3 Nach dem Trocknen der Farben ein Stück Dachpappe, 14 x 24 cm, mit Dachpappenstiften über dem First anbringen. Die überstehenden Ränder herunterbiegen und fixieren.

4 Mit einer alten Schere mittig in das Blech ein Loch im Durchmesser des Einfluglochs (siehe Seite 9) schneiden. Die Ränder mit Schleifpapier glätten und das Blech mit Stiftnägeln befestigen.

5 Das Rundholzstück als Sitzstange in die Bohrung stecken. Die Befestigung für den Nistkasten anbringen. Die Futterkugel im Turm einhängen.

TERRASSENFENSTER SICHERN

- Große Terrassenfenster oder Glasfassaden werden von Vögeln oft nicht erkannt, da sie Blumen und Büsche spiegeln. Die Vögel fliegen dann davor und verletzen sich schwer.
- Ungünstig ist auch getöntes Glas, denn es reflektiert die Umgebung besonders stark.
- Aufkleber in Form von Greifvogelsilhouetten, Blumenampeln oder Perlenschnüre, die von außen an der Scheibe angebracht sind, sorgen dafür, dass die Vögel das Hindernis besser erkennen.

BLÜTEN & SCHMETTERLING

MATERIAL

(Nistkastenmodell 1)
- Brett, 19 mm, 14 x 67 cm
- Brett, 19 mm, 20 x 75 cm
- Rundholz, 6 mm Ø, 5 cm
- 24 Nägel, verzinkt, 2 x 40 mm
- Schraubhaken, 2,8 x 30 mm
- Acrylfarben in Gelb, Orange, Rot, Hellgrün, Grün
- Zusätzliches Material für die Befestigung siehe Seite 17

Vorlage 4, Seite 70

1 Den Nistkasten nach der Grundanleitung (Seiten 6 bis 7 und 12 bis 13) zusägen und zusammenbauen. Eine Bohrung für die Sitzstange mit 6 mm Ø ausführen.

2 Die Blüten und den Schmetterling nach der Vorlage auf das Holz übertragen. Die Seitenwände hellgrün, das Dach dunkelgrün lasieren.

3 Die Blüten und Schmetterlinge in Gelb, Orange, Rot und Pink ausmalen. Farblich passende Mittelpunkte in die Blüten malen.

4 Die Sitzstange (Rundholz) in die Bohrung stecken. Die Befestigung für den Nistkasten anbringen.

DIE NISTKASTENREINIGUNG

- Nach jeder Brutsaison den Nistkasten im Herbst reinigen. Die Vögel benutzen alte Nester nicht wieder, sondern setzen ein neues darauf (dann ist der Kasten bald voll). Außerdem können verbleibende Parasiten die folgende Brut schädigen.
- Nehmen Sie den Kasten ab oder stellen Sie die Leiter so, dass Sie seitlich, oberhalb des Kastens stehen (Nestreste fallen dann nicht auf Sie herab).
- Das alte Nest herausnehmen und eventuell anhaftende Reste mit einer Bürste entfernen (keine Reinigungsmittel verwenden).
- Die kleinen Löcher im Boden mit einem Holzstäbchen frei machen.
- Den Kasten auf „Bauschäden" überprüfen, besonders die Halterung für die Befestigung am Baum kontrollieren; wenn nötig, ausbessern.

ÄSTE & ZWEIGE

MATERIAL

(Nistkastenmodell 2)
- Brett, 19 mm, 14 x 57 cm
- Brett, 19 mm, 20 x 75 cm
- Birkenzweige, 1–4 cm Ø
- 24 Nägel, verzinkt, 2 x 40 mm
  (für den Nistkasten)
- Nägel, verzinkt, 2 x 40 mm,
  1,2 x 20 mm (für die Zweige)
- Futterkugel
- Zusätzliches Material für die
  Befestigung siehe Seite 17

1 Den Nistkasten nach der Grundanleitung (Seiten 6 bis 7 und 12 bis 13) zusägen und zusammenbauen. Anschließend vier dickere Äste mithilfe von Stecheisen und Hammer spalten, auf Dachlänge zusägen und mit Nägeln befestigen.

2 Einige Äste auf unterschiedliche Längen sägen und an den Seitenwänden fixieren, dabei einen Ast mit Gabelung für die Futterkugel anbringen.

3 Für die Vorderseite dünne Zweige zuschneiden und als diagonales Muster mit kleinen Nägeln fixieren. Die Befestigung für den Nistkasten anbringen.

Grauschnäpper

HILFLOSE JUNGVÖGEL

- Wer scheinbar hilflose Jungvögel außerhalb des Nestes findet, sollte diese zunächst einige Zeit beobachten. Manchmal werden sie von ihren Eltern am Boden weiter gefüttert.
- Erst wenn der Jungvogel zweifelsfrei nicht mehr versorgt wird oder verletzt ist, sollten Sie eingreifen, denn auch bei fachgerechter Versorgung sind die Überlebenschancen geringer als in der Natur.
- Wenden Sie sich an eine NABU-Gruppe, eine Vogelpflegestation, die Untere Naturschutzbehörde oder an einen Tierarzt.

BLAUER TURM

MATERIAL

(Nistkastenmodell 3)

- Brett, 19 mm, 14 x 127 cm
- Brett, 19 mm, 22 x 106 cm
- 35 Schrauben, 3,5 x 40 mm
- 6 Schrauben, 2 x 17 mm
- Schraubhaken, 2,8 x 30 mm
- Ringschraube, 2 x 12 mm
- Klavierband, 17 cm
- Dachpappe, 14 x 24 cm
- Dachpappenstifte, 2 x 20 mm
- Acrylfarben in Weiß, Gelb, Hellgrün, Hellblau, Blau, Rot
- Futterkugel
- Zusätzliches Material für die Befestigung siehe Seite 17

Vorlagen 2, 5, Seiten 70, 71

1 Den Nistkasten nach der Grundanleitung (Seiten 6 bis 7 und 14 bis 16) zusägen und zusammenbauen. Eine Bohrung für die Sitzstange mit 6 mm Ø ausführen.

2 Die Fenster (Vorlage 5) aufmalen. Das Dach dunkelblau, die Seitenwände hellblau grundieren. Die Tür (Vorlage 2) und die Blütenranke (Vorlage 5) auf den Nistkasten übertragen und aufmalen.

3 Nach dem Trocknen der Farben ein Stück Dachpappe, 14 x 24 cm, mit Dachpappenstiften über dem First anbringen. Die überstehenden Ränder herunterbiegen und fixieren.

4 Die Sitzstange (Rundholz) in die Bohrung stecken. Die Befestigung für den Nistkasten anbringen. Die Futterkugel im Turm einhängen.

DER VOGELSPEISEPLAN

- Finken, Sperlinge: Sonnenblumenkerne, Hanf, handelsübliche Freilandmischung.
- Rotkehlchen, Heckenbraunelle, Zaunkönig, Meisen und Amseln: feinere Sämereien, Mohn, Kleie, Haferflocken, Rosinen, Obst, Fettfutter (Knödel, Ringe – hier ist das Futter durch das Fett auch vor Feuchtigkeit geschützt).
- Nicht alle Vögel stellen sich im Winter auf vegetarische Kost um, für diese Arten bietet eine Schicht Herbstlaub unter dichten oder immergrünen Sträuchern (hier bleibt der Boden lange schneefrei) ein gutes Angebot an Kleinlebewesen.
- Absolut ungeeignet sind gesalzene Nahrungsmittel, z. B. Wurst, Speck, Salzkartoffeln und Brot!

ASTSCHEIBEN & STREIFEN

MATERIAL

(Nistkastenmodell 1)
- Brett, 19 mm, 14 x 67 cm
- Brett, 19 mm, 20 x 75 cm
- Rundholz, 6 mm Ø, 5 cm
- Astscheiben, ca. 0,5 mm, 1,5–4,5 cm Ø
- 24 Nägel, verzinkt, 2 x 40 mm
- Schraubhaken, 2,8 x 30 mm
- Acrylfarben in Hellgrün, Hellblau, Blau, Braun
- Holzleim
- Zusätzliches Material für die Befestigung siehe Seite 17

1 Den Nistkasten nach der Grundanleitung (Seiten 6 bis 7 und 12 bis 13) zusägen und zusammenbauen. Eine Bohrung für die Sitzstange mit 6 mm Ø ausführen.

2 Den Nistkasten an den Seitenwänden mit stark verdünnter brauner Farbe lasieren. Nachdem die Farbe getrocknet ist, die Astscheiben mit Leim befestigen.

3 Auf das Dach ein Streifenmuster malen, hierfür mit Kreppklebeband nach und nach einzelne Streifen abkleben. Zudem einige Astscheiben bemalen.

4 Die Sitzstange (Rundholz) in die Bohrung stecken. Die Befestigung für den Nistkasten anbringen.

Gartenrotschwanz

BUNTES VOGELLEBEN

Wer nach einem echten Blickfang sucht, der frische Farben in den Garten oder auf die Terrasse bringt, wird hier sicher fündig: knallbunte Vogelvillen oder verrückte Bauten wie Bücherregale, in denen Vögel ihr neues, kreatives Heim finden. Trotz ausgefallener Ideen sind diese Nistkästen absolut artgerecht konstruiert.

BÜCHERREGAL

MATERIAL

- Brett, 19 mm, 28 x 160 cm
- 20 Schrauben, verzinkt
- Acrylfarben in Weiß, Beige, Hellblau, Hellgrün, Dunkelgrün, Dunkelblau, Rot, Weinrot, Ocker, Braun
- Zusätzliches Material für die Befestigung siehe Seite 17

Vorlage 6, Seite 72

TIPP

Die gestreifte Oberseite des Nistkastens lässt sich exakt bemalen, wenn die einzelnen Streifen mit Kreppband abgeklebt werden. Zwischen den einzelnen Arbeitsschritten die Farben immer trocknen lassen.

3D-Skizze

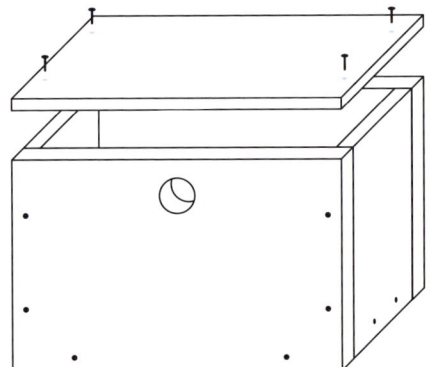

1 Zuerst die Bauteile zusägen:

Rückseite und Vorderseite: 280 x 180 mm, die Vorderseite mit einem Einflugloch von 28 mm Ø versehen

2 Seitenteile: 144 x 180 mm

1 Bodenplatte: 220 x 350 mm

1 Dachplatte: 180 x 280 mm

2 Regalstützen: 100 x 150 mm (nach Vorlage)

5 Buchrücken: 198 mm hoch; die Breiten: 2x 50 mm, 1x 80 mm, 1x 30 mm, 1x 70 mm

2 Die fünf Buchrücken in der Reihenfolge des Zuschnitts bündig nebeneinander legen, das Vorderteil an den Seiten und an der Unterkante bündig darüberlegen und die Position des Einfluglochs auf dem mittleren Brett markieren. Das Einflugloch in den Buchrücken sägen. Die Buchrücken-Bretter jeweils an den langen Vorderkanten mit Schleifpapier abrunden.

3 Aus Rückseite, Vorderseite, Seitenteilen und Dachplatte den Grundkasten – ähnlich wie das Nistkastenmodell 1 auf Seite 12/13 – zusammenbauen (die innen eingesetzte Bodenplatte entfällt hier jedoch). Den Kasten mittig und bündig zur hinteren Kante auf dem Regalboden platzieren, die Kontur umfahren und den Kasten dann wieder abnehmen. Vorbohrungen für die Schrauben mit 9 mm Abstand zu dieser Linie einbohren und den Kasten zusammenschrauben.

Sägeplan

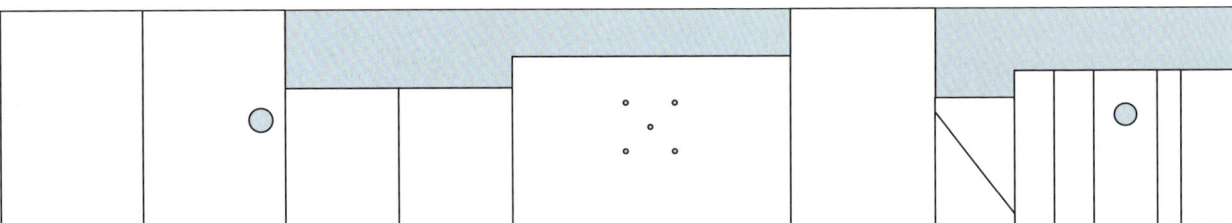

BAUMHAUS

MATERIAL

- Brett, 19 mm, 135 x 20 cm
- Brett, 19 mm, 34 x 25 cm
- 2 Rundhölzer, je 1 m lang, 20 mm Ø
- 2 Kanthölzer, je 1 m lang, 20 x 20 mm
- Seil, 2 m
- 22 Schrauben, verzinkt
- Acrylfarben in Weiß, Rot, Hellbraun, Dunkelbraun
- Zusätzliches Material für die Befestigung siehe Seite 17

Vorlage 7, Seite 71

3D-Skizze

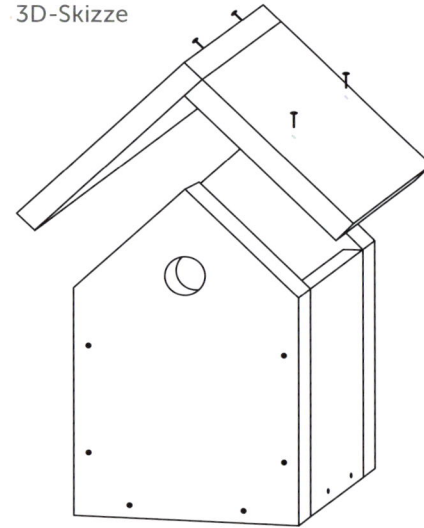

1 Zuerst die Bauteile zusägen:
Rückseite und Vorderseite: 180 x 280 mm, die Vorderseite mit einem Einfluloch von 32 mm Ø versehen
2 Seitenteile: 144 x 190 mm
1 Bodenplatte: 340 x 250 mm
1 Dachteil, links: 200 x 170 mm
1 Dachteil, rechts: 200 x 188 mm
2 Stützbretter: 70 x 100 mm
Rundhölzer in 19 Stücke je 7 cm und 4 Stücke je 10 cm teilen.
Vierkanthölzer in 2x 23 cm, 2x 6 cm, 1x 7 cm und 1x 19 cm lange Stücke schneiden. Zusätzlich zwei 27 cm lange Stücke zuschneiden und an beiden Enden um 45° abschrägen.

2 Alle Kanten mit Schleifpapier glätten. Den Kasten – wie auf der Skizze abgebildet – zusammenbauen. Dafür die Seitenteile an die Rückwand und das Vorderteil von vorne an die Seitenteile schrauben. Das Dach zusammensetzen und auf die Grundform schrauben. Die Bodenplatte noch nicht anschrauben. Den Handlauf des Geländers zusammenkleben, siehe Skizze 2. Alle Teile grundieren und laut Foto bemalen.

3 Das Haus mittig und bündig zur hinteren Kante auf die Bodenplatte schrauben. Skizze 1 zeigt die Position der kleinen Löcher, in den Skizzen 2 und 3 ist die Anordnung des Hauses auf der Bodenplatte zu sehen. Die 7 cm langen Rundhölzer fixieren (Skizze 3) und den Handlauf daraufsetzen.

4 Wie in Skizze 4 gezeigt, je eines der kleinen Brettchen an jedes der beiden schräg gesägten Kanthölzer schrauben und die Stützen anschließend von unten an der Bodenplatte anschrauben. Die Stützen sollten drehbar bleiben, um sie später dem Baumstamm anzupassen. Zuletzt das Seil um die beiden Rundhölzer neben der Geländeröffnung fädeln und die 10 cm langen Rundhölzer als Leitersprossen einknoten.

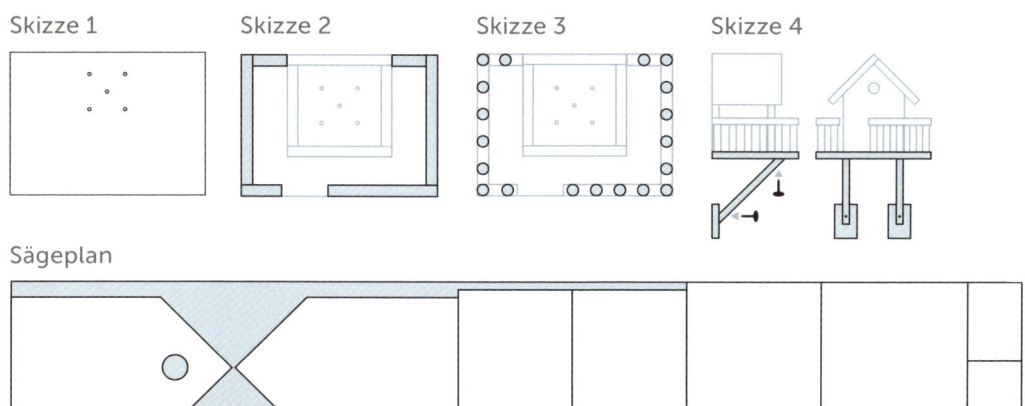

Skizze 1

Skizze 2

Skizze 3

Skizze 4

Sägeplan

CAMPINGANHÄNGER

MATERIAL

- Brett, 19 mm, 24 x 120 cm
- Brett, 8 mm, 10 x 7,5 cm
- Buchenholzleiste, 100 x 30 x 8 mm
- 32 Schrauben, verzinkt
- Acrylfarben in Weiß, Beige,
  Hellblau, Grau, Rot, Schwarz
- Holzhalbkugel in Natur, 16 mm Ø
- 4 Holzräder, 60 mm Ø
- 2 Holzräder, 80 mm Ø
- Feinmaschiges Fliegengitter oder
  Siebgewebe aus Metall, 85 x 60 mm
- Zusätzliches Material für die
  Befestigung siehe Seite 17

Vorlage 8, Seite 72

Sägeplan

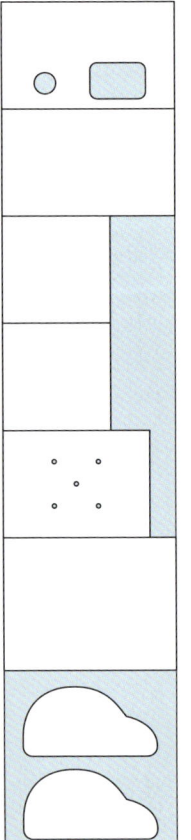

1 Zuerst folgende Bauteile zusägen:

Rückseite und Vorderseite: 240 x 150 mm, die Vorderseite mit einem Einflugloch von 30 mm Ø und einer Fensteröffnung (siehe Vorlage) versehen

2 Seitenteile: 150 x 150 mm

1 Bodenplatte: 204 x 150 mm

1 Dachplatte: 240 x 186 mm

Auto: 2x (siehe Vorlage)

Fensterrahmen aus 8-mm-Holz (siehe Vorlage)

2 Alle Kanten mit Schleifpapier glätten. Aus den Einzelteilen den Grundkasten – ähnlich wie beim Nistkastenmodell 1 auf Seite 12/13 – zusammenbauen und die seitlichen Kanten rund abschleifen. Die beiden Autoformen deckungsgleich mit Holzleim zusammenkleben.

3 Anschließend alle Holzteile grundieren und nach dem Trocknen gemäß Foto bemalen.

Dann die Holzhalbkugel als Griff auf die Tür und den Fensterrahmen passgenau über die Fensteröffnung kleben. Das Metallgitter dabei zwischen Kasten und Rahmen einkleben.

4 Die kleinen Holzreifen, 60 mm Ø, an das Auto, die größeren, 80 mm Ø, an den Anhänger schrauben; beide Teile mit zwei Schrauben von unten mit der Holzleiste verbinden.

KUCKUCKSUHR

MATERIAL

- Brett, 19 mm, 20 x 140 cm
- Brett, 8 mm, 20 x 100 cm
- 22 Schrauben, verzinkt
- 2 Ösenschrauben
- 2 Metallkettenstücke, ca. 50 cm
- Acrylfarben in Rosa, Pink, Magenta
- 4 Halbkugeln, 16 mm Ø
- 2 Steine, 2 Tannenzapfen oder 2 Meisenknödel
- Zusätzliches Material für die Befestigung siehe Seite 17

Vorlagen 7, 9, Seiten 71, 73

Skizze 1

3D-Skizze

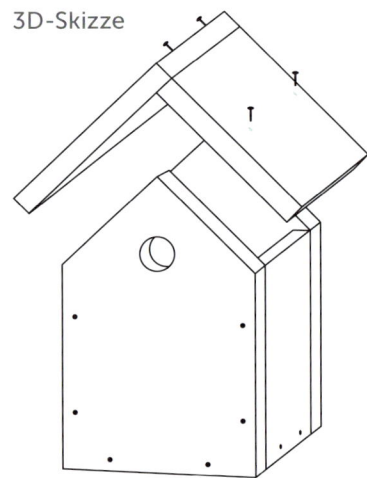

1 Zuerst folgende Bauteile zusägen:

Rückseite und Vorderseite: 180 x 280 mm (2x nach Vorlage 7), die Vorderseite mit einem Einflugloch von 32 mm Ø versehen

2 Seitenteile: 144 x 190 mm

1 Bodenplatte: 144 x 144 mm

1 Dachteil, links: 200 x 170 mm

1 Dachteil, rechts: 200 x 188 mm

1x Kreis als Ziffernblatt, 1x Zeiger, 1x Herz, 1x Fensterläden, 5x Blatt sowie je 2x Geweih und Rahmenelemente aus 8-mm-Holz nach Vorlage 9

2 Das Haus nach dem Bauplan – und ähnlich wie Nistkastenmodell 1 auf Seite 12/13 – zusammenbauen; alle Teile mit Haftgrund grundieren. Nach dem Trocknen die beiden Geweihteile und das Ziffernblatt in Rosa sowie die Rahmenteile und die Fensterläden in Magenta bemalen. Das Herz, die Blätter, die vier Halbkugeln und den Grundkasten in Pink anmalen.

3 Die getrockneten Teile mit Holzleim zusammenkleben. Die beiden kurzen Rahmenelemente auf die Vorderseite der beiden Dachbretter kleben, die beiden rechtwinkligen Teile auf dem Vorderteil befestigen, siehe Skizze 1. Anschließend Blätter, Ziffernblatt, Zeiger, Halbkugeln, Fensterläden und Herz laut Foto aufkleben. Zuletzt die beiden Geweihteile von hinten an dem Herz fixieren.

Sägeplan

4 Nun noch zwei Ösenschrauben von unten in den Kasten schrauben und mit den zwei Ketten Steine, Tannenzapfen oder im Winter Meisenknödel anhängen.

RADIOKASTEN

MATERIAL

- Brett, 19 mm, 28 x 100 cm
- 20 Schrauben, verzinkt
- Acrylfarben in Perlmutt, Rosa, Beige, Hellbraun, Mittelbraun, Dunkelbraun, Schwarz
- Zusätzliches Material für die Befestigung siehe Seite 17

Vorlage 10, Seite 73

1 Zuerst die Bauteile zusägen:

Rückseite und Vorderseite: 280 x 180 mm, die Vorderseite mit einem Einflugloch von 28 mm Ø versehen

2 Seitenteile: 144 x 180 mm

1 Bodenplatte: 144 x 244 mm

1 Dachplatte: 180 x 280 mm

2 Knöpfe, je 40 mm Ø, 5 Quadrate mit je 20 mm Kantenlänge (siehe Vorlage)

2 Alle Kanten mit Schleifpapier glätten. Aus Bodenplatte, Rückseite, Vorderseite, Dachplatte und den Seitenteilen den Grundkasten – ähnlich wie beim Nistkastenmodell 1 auf Seite 12/13 – zusammenbauen und die seitlichen Kanten im vorderen Teil des Kastens rund abschleifen.

3 Den Radiokasten mit Haftgrund grundieren und anschließend rosafarben bemalen. Dann die braune und hellbraune Fläche auf der Vorderseite aufmalen und mit einer feinen schwarzen Kontur einfassen.

4 Die Knöpfe dunkelbraun anmalen. Bei den runden Knöpfen zusätzlich die Vorderseite in Perlmutt gestalten. Nach dem Trocknen die Knöpfe laut Foto aufkleben. Über die eckigen Tasten eine Anzeige in Beige malen und ebenfalls mit einer feinen schwarzen Kontur umfahren.

3D-Skizze

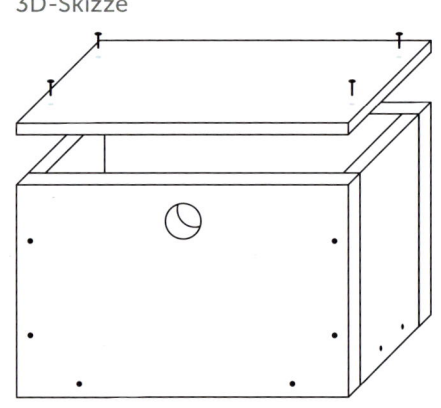

Sägeplan

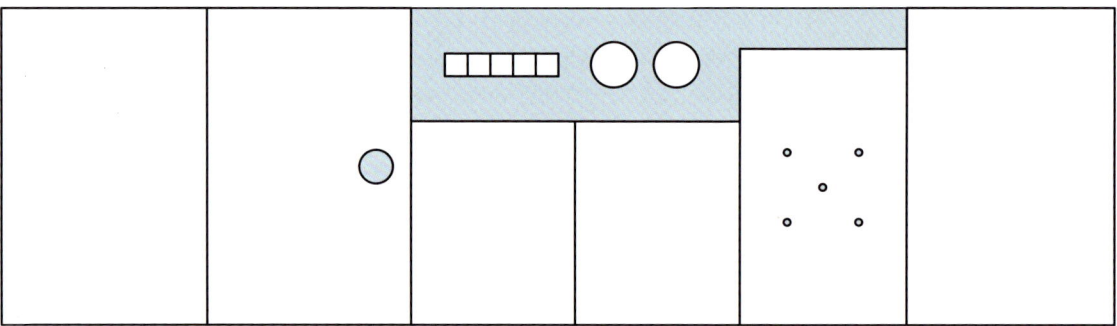

STRANDHÄUSCHEN

MATERIAL

- Brett, 19 mm, 20 x 190 cm
- Brett, 19 mm, 28 x 150 cm
- Brett, 19 mm, 68,4 x 14,4 mm
- Brett, 8 mm, 20 x 15 mm
- 70 Schrauben, verzinkt
- Acrylfarben in Weiß, Hellgelb, Gelb, Rosa, Rot, Hellblau, Blau, Hellgrün, Grün, Grau, Schwarz
- Zusätzliches Material für die Befestigung siehe Seite 17

Vorlagen 7, 11, Seiten 71, 72

1 Zuerst die Bauteile zusägen:

Rückseite und Vorderseite: 720 x 280 mm (siehe Vorlage 7: 4x Vorderseite; mit 32 mm großen Einfluglöchern versehen)

2 Seitenteile außen: 144 x 190 mm

3 Zwischenwände innen: 144 x 172 mm

1 Bodenplatte: 684 x 144 mm

1 Dachteil, links: 200 x 190 mm

6 Dachteile Mitte: 200 x 127 mm

1 Dachteil, rechts: 200 x 172 mm

4 Ovale aus 8-mm-Holz (siehe Vorlage 11)

2 Für die Vorder- und für die Rückseite jeweils Vorlage 7 viermal nebeneinanderlegen, auf das Holz übertragen und am Stück aussägen. Skizze 1 zeigt die Position der kleinen Bodenlöcher. Die Bodenplatte und die äußeren Seitenteile an die Rückwand schrauben und anschließend die Trennwände hinzufügen, siehe Skizze 2. Zuletzt die Dachbretter laut Skizze anschrauben. Alle Kanten mit Schleifpapier glätten.

3D-Skizze

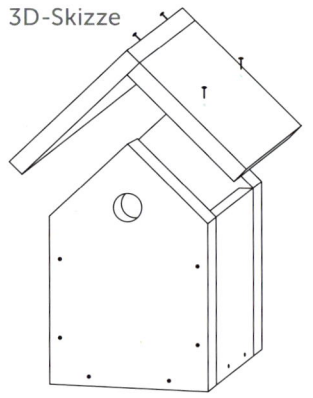

Skizze 1

Skizze 2

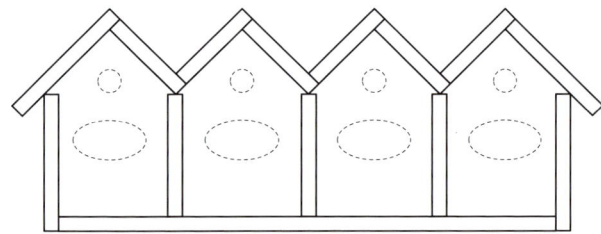

Sägeplan

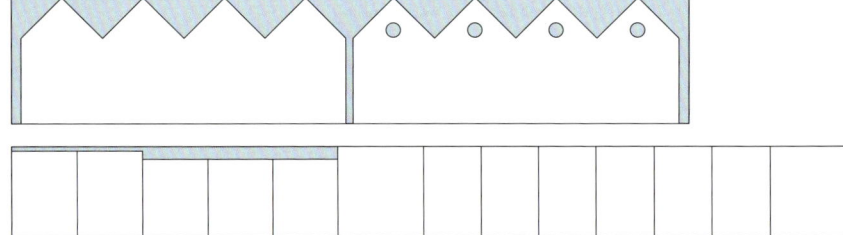

3 Die Häuser grundieren und dann weiß anmalen. Je ein Dach und ein Oval in Blau, Rot, Gelb und Grün bemalen. Dann mit Kreppband Streifen an der Vorder- und an der Rückseite abkleben und hellblau, rosa, hellgelb und hellgrün ausmalen.

4 Auf die farbigen Ovale jeweils kleinere, weiße Ovale malen, mittig darauf mit schwarzer Farbe eine Zahl von 1 bis 4 setzen. Rechts und links jeweils einen grauen Punkt malen. Nach dem Trocknen mit einem schwarzen Querstrich, einer schwarzen Kontur und einer weißen Linie an der Oberseite zur Schraube gestalten. Die Ovale jeweils unter den Einfluglöchern aufkleben.

BLUMENKASTEN

MATERIAL

- Brett, 19 mm, 30 x 120 cm
- Holzleiste, 10 x 30 mm, 150 cm
- 24 Schrauben, verzinkt
- Haftgrund
- Acrylfarben in Weiß, Hellgelb, Gelb, Orange, Rosa, Rot, Hellblau, Blau, Hellgrün, Dunkelgrün, Hellbraun
- Zusätzliches Material für die Befestigung siehe Seite 17

Vorlage 12, Seiten 74, 75

Sägeplan

1 Zuerst die Bauteile vorbereiten:

Vorderseite: 280 x 220 mm (siehe Vorlage), mit einem Einflugloch von 35 mm Ø versehen

Rückseite: 320 x 300 mm (siehe Vorlage)

2 Seitenteile: 142 x 190 mm

1 Bodenplatte: 142 x 244 mm

1 Dachplatte: 142 x 244 mm

1 Blütenelement (siehe Vorlage)

Außerdem die Leiste in folgende Stücke teilen:

2 Leisten: 300 x 20 x 10 mm

4 Leisten: 180 x 20 x 10 mm

2 Alle Kanten mit Schleifpapier glätten. Den Grundkasten zusammenbauen: Zuerst die Bodenplatte und die Seitenteile an die Rückwand schrauben; anschließend die Dachplatte an der Oberkante bündig zwischen die Seitenteile schrauben. Zuletzt das Vorderteil, an den Seiten und unten bündig, davorsetzen. Die Zierleisten mit einem Abstand von 5 cm zur Unterkante und direkt über der Einflugöffnung ankleben, dabei zuerst die lange Leiste auf der Vorderseite befestigen und rechts und links je 1 cm überstehen lassen. Die kürzeren Seitenstücke dahinter an die Seitenwände kleben.

3 Zum Bemalen die Konturen der Blüten von der Vorlage auf das mit Haftgrund vorbehandelte Holz übertragen und die Flächen laut Foto ausmalen. Den unteren Teil des Kastens mit weißer Farbe anmalen. Nach dem Trocknen einzelne Latten mit feinen, senkrechten Linien in Hellbraun andeuten. Das zusätzliche Blütenelement bemalen und nach dem Trocknen von oben mittig zwischen Rückseite und Vorderseite auf den Kasten kleben.

WILDBIENEN WILLKOMMEN!

Bienen finden in der freien Natur immer weniger Raum für ihre Nistplätze und ihre Nahrungs-suche. Ein Bienenhotel ist daher für Wildbienen aus der Umgebung eine große Hilfe, um ein neues Heim zu finden. Die verschiedenen Modelle von klein bis groß passen in jeden Garten. Auch andere Insekten sind herzlich eingeladen!

BIENENHOTEL

MATERIAL

- 6 Zaunbretter mit Rundbogen, 19 mm, 93 x 9 cm
- Bambusstäbe
- Schilfgras
- Rundstäbe, 12 bis 30 mm Ø (Besenstiele)
- 26 Schrauben, 30 mm
- 2 Schrauben, 40 mm
- 2 Styropor-Tropfen „Barock", 11 x 8 cm
- Holzlasur in Rost
- Universalmalfarbe „Antik" in Herbstrot
- Strukturpaste in Gold

Vorlage 13, Seite 75

Bauskizze

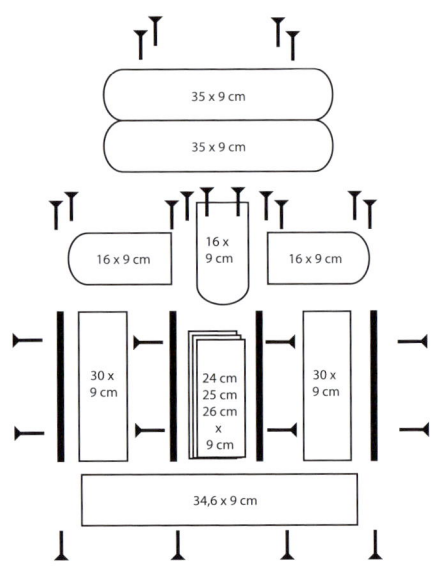

1 Für die Rückwände und Seiten der beiden Türme sechs Rechtecke (30 x 9 cm) aus den Zaunbrettern sägen. Für das Mittelstück drei jeweils 9 cm breite Rechtecke (24 cm, 25 cm und 26 cm lang) aussägen und mit Holzleim aufeinander fixieren; dabei die schmalen Seiten unten bündig übereinanderlegen. Mit dem Bohrer 5-mm-Löcher in Blütenform bohren (siehe Vorlage) und das Mittelstück mit Holzlasur einfärben. Für die Bodenplatte wird ein Rechteck von 34,6 x 9 cm benötigt. Das schräge Dach in der Mitte und die beiden seitlichen Überdachungen aus drei Stücken (16 x 9 cm) mit einem Rundbogen auf einer Seite absägen, für das überstehende Hauptdach zwei Bretter (35 x 9 cm) mit Rundbögen an beiden Enden.

2 Alle Teile mit versenkten Schrauben verbinden (siehe: „Modelle zusammenbauen" auf Seite 7), dabei zusätzlich auch wasserfesten Holzleim verwenden. Zunächst die inneren Seitenwände mit je zwei Schrauben am Mittelstück fixieren, dann die Rückwände hinten und unten bündig anleimen. Nun jeweils die äußeren Seitenwände der Türme mit zwei Schrauben an der Rückwand befestigen. Die Bodenplatte mit je vier Schrauben an den Seitenwänden fixieren. Das Dach über dem Mittelstück mit zwei langen Schrauben von oben her so anschrauben, dass die obere hintere Kante des Daches bündig mit den Seitenwänden liegt. Die anderen Dachbretter zuerst in Herbstrot einfärben. Die geraden Dächer der Türme mit vier Schrauben fixieren, dann die an beiden Seiten abgerundeten Bretter nebeneinander mit je zwei Schrauben sichern.

3 Schilfgras, Bambus- und Rundstäbe (je 7 cm lang) zusägen. In die Rundstäbe kleine Löcher bohren (3 bis 8 mm Ø). Alle Röhren so in die Türme einschichten, dass sie festklemmen. Zwei Styropor-Tropfen mit einem Messer unten glatt abschneiden, Herbstrot einfärben, mit Gold aufhellen und mit Kraftkleber auf den Seitentürmen fixieren.

WILDBIENENKASTEN

MATERIAL

- Brett, 19 mm, 15 x 70 cm
- Baumrinde
- Zapfen (Lärche, Kiefer, Tanne)
- 12 Nägel, verzinkt, 2 x 40 mm
- 2 Ringschrauben, 2 x 12 mm
- Bindedraht, 1,2 mm Ø, ca. 60 cm
- Gartenschlauch, 15 cm

Füllung

- Schilfrohr
- Bambus
- Äste

Vorlage 14 (graue Linien), Seite 76

TIPP

- Auch in den Zapfen und unter der Rinde können sich Kleintiere (Käfer, Fliegen) einnisten.
- Nisthilfen können jahrelang draußen am gleichen Standort belassen werden.

1 Das Brett in zwei 14,5-cm-Stücke und zwei 19-cm-Stücke sägen. Die Abschnitte zu einem Rahmen zusammenbauen (Vorlage 14, graue Strichlinien).

2 Die Ringschrauben an zwei aneinandergrenzenden Seiten jeweils mittig eindrehen. Das Gartenschlauchstück auf den Draht ziehen, diesen zum Bügel formen und die Enden an den Ringschrauben befestigen.

3 Einige Tannenzapfen in der Mitte durchsägen (gelingt gut mit der Dekupiersäge) und auf die Stirnseiten des Rahmens kleben. Die Seiten mit Rinde und Zapfen dekorieren.

4 Das Füllmaterial auf etwa 14 cm Länge schneiden. Die Aststücke so glatt anbohren (3–8 mm Ø), dass keine Holzfasern mehr im Loch selbst oder am Rand des Loches abstehen; Bohrmehl danach ausklopfen. Die Löcher sollten mit ein bis zwei Zentimeter Abstand voneinander gebohrt werden. Das Füllmaterial eng aneinanderliegend einstapeln.

Wildbienen

INSEKTENHOTEL

MATERIAL
- Brett, 19 mm, 15 x 70 cm
- Brett, 19 mm, 28 x 60 cm
- 24 Nägel, verzinkt, 2 x 40 mm
- 2 Ringschrauben, 2 x 12 mm
- Bindedraht, 1,2 mm Ø, 60 cm
- Gartenschlauch, 15 cm
- Acrylfarben in Pink, Lila
- Holzlasur in Grün

Füllung
- Schilfrohr
- Bambus
- Angebohrte Äste

Vorlage 14, Seite 76

1 Das 15 cm breite Brett in zwei 14,5-cm-Stücke und zwei 19-cm-Stücke sägen. Die Abschnitte laut Vorlage 14 (graue Strichlinien) zu einem Rahmen zusammensetzen. Auf das 28 cm breite Brett zweimal die Blüte (Vorlage 14, schwarze Linien) übertragen und aussägen. Die Blüten auf beiden Seiten vor der Rahmenöffnung mit Nägeln befestigen.

2 Die Ringschrauben auf der Oberseite des Rahmens mittig eindrehen. Das Schlauchstück auf den Draht ziehen, diesen zum Bügel formen und die Enden an den Ringschrauben befestigen. Die Blüten und den Rahmen bemalen. Das Füllmaterial auf etwa 14 cm Länge schneiden und so einstapeln, dass es eng aneinanderliegt.

NISTHILFEN FÜR INSEKTEN
- Solitäre Bienen und Wespen (Hautflügler) bauen keine Wabennester, sondern legen ihre Brut an totem Holz oder in der Erde ab, geben etwas Vorrat dazu und verschließen das Brutnest dann.
- Die oberirdisch nistenden Arten benötigen Röhren, deren Hohlräume einen Durchmesser von 3 bis 10 mm und eine Länge von 5 bis 10 cm haben. Diese sollten waagerecht liegen. Besonders geeignet sind abgelagerte Holunderstrauchäste, Bambus und Schilfrohr.
- Florfliegen, Ohrwürmern und Marienkäfern kann man mit einer Behausung, die mit Holzwolle ausgefüllt wird, helfen.
- Die Nisthilfe an einem möglichst sonnigen, regen- und windgeschützten Platz aufhängen.

DREIECKS-INSEKTENHOTEL

MATERIAL

- Holzlatte, 20 mm, 8 cm breit, 2,50 m lang
- Astabschnitte, 8 cm lang, ca. 3–8 cm Ø
- Spanplatte, 5 mm, 50 x 50 cm
- Tannen-, Kiefernzapfen
- Maschendraht, 50 x 50 cm

TIPP

Wer mag, kann oben in das Dreieck noch ein Loch bohren und das Insektenhotel mit Draht aufhängen.

1 Die Spanplatte so zuschneiden, dass ein gleichschenkeliges Dreieck entsteht (Basisseite: 50 cm).

2 Die Holzlatte in drei längere und drei kürzere Stücke sägen und der Abbildung entsprechend auf das Grunddreieck aufleimen.

3 In die Astabschnitte Löcher mit einem Durchmesser von 4 bis 8 mm bohren.

4 Den mittleren Bereich des Insektenhotels mit Zapfen füllen – und die äußeren kleinen Dreiecke mit den angebohrten Astabschnitten.

5 Den Maschendraht auf das Dreieck legen. Den Draht mit einem Tacker fixieren. Den überstehenden Draht mit einem Seitenschneider abknipsen. Die Drahtenden mit einem Hammer in das Holz klopfen.

Wildbienen

VOGELFÜTTERUNG

Damit heimische Vögel auch im Winter genug Nahrung finden, sind Futterstellen die ideale Unterstützung. Mit artgerechter Nahrung wie Kernen oder Äpfeln kommen die kleinen Piepmätze auch in der kalten Jahreszeit sicher gern vorbeigeflogen. Mit einer Überdachung sind sie beim Futtern auch vor Eis und Schnee geschützt.

FUTTERHAUSMODELL MIT SATTELDACH

Futterhäuser, bei denen das Futter geschützt im Inneren verwahrt wird und nur bei Bedarf nach und nach herausrutscht, sind etwas aufwendiger zu bauen als offene Futterplätze, haben aber den Vorteil, dass nicht unbedingt täglich neues Futter eingefüllt werden muss. Ganz gleich, ob das Modell an einer Wand aufgehängt werden soll (mit nur einem Futterauslass) oder ob es auf einem Pfosten stehen oder hängen soll (mit Futterauslässen in zwei Richtungen) – die folgenden Punkte sind zu beachten.

DAS AUFKLAPPBARE DACH

Das Dach muss aufklappbar sein, um Futter nachfüllen zu können. Bei Modellen mit Satteldach wird das längere der beiden Dachbretter an der Front und an der Rückseite angeklebt, das kürzere Brett wird mit zwei kleinen Scharnieren von außen am längeren Brett angeschraubt.

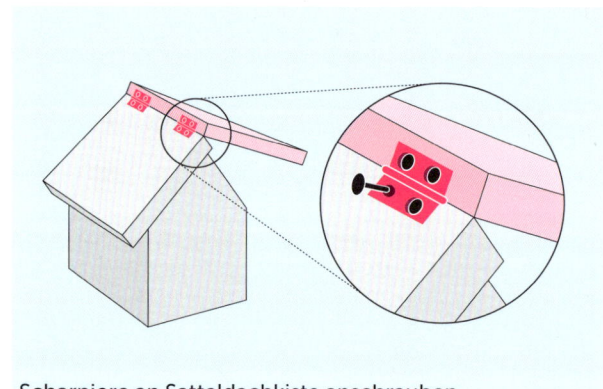

Scharniere an Satteldachkiste anschrauben

FUTTERSPALT

Das Haus benötigt zwei Spalte zu einem von außen erreichbaren Bereich mit erhöhtem Rand, von dem aus das Futter von den Vögeln aufgepickt werden kann. Die Öffnung sollte ca. 2 cm hoch sein, der Rand mindestens genauso hoch.

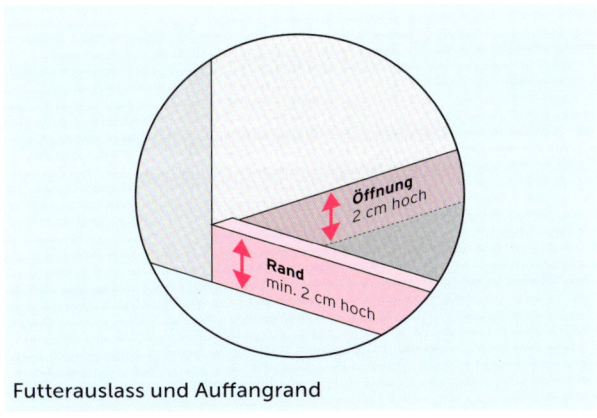

Futterauslass und Auffangrand

SCHRÄGE/KEIL IM INNERN

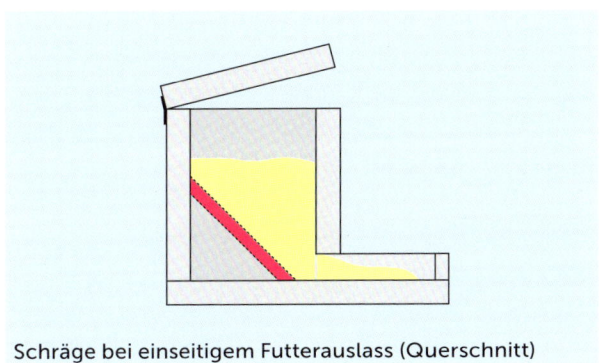

Schräge bei einseitigem Futterauslass (Querschnitt)

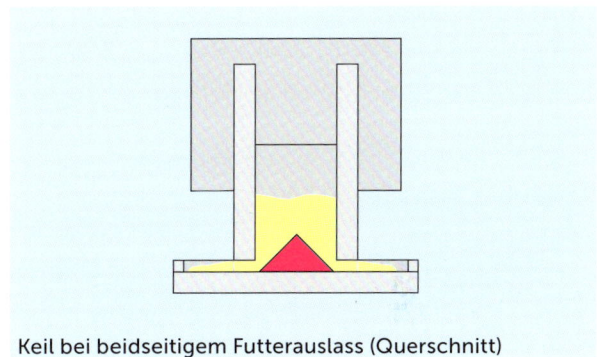

Keil bei beidseitigem Futterauslass (Querschnitt)

Das vielleicht wichtigste Element ist die Schräge im Inneren, die dafür sorgt, dass das Futter nach außen nachrutscht. Bei Futterkästen mit einseitigem Futterauslass wird hierzu ein an der oberen und unteren Kante jeweils um 45 Grad angeschrägtes Brett an der Rückwand und der Bodenplatte angeklebt. In Futterhäusern mit zwei gegenüberliegenden Öffnungen wird mittig ein Keil eingesetzt.

SKIHÜTTE

MATERIAL

- Holzbrett, 19 mm, 75 x 25 cm
- Sperrholzbrett, 4 mm, 25 x 15 cm (für die Schlittenteile und das Geweih)
- Kiefernholzleiste, 1 x 1 cm, 80 cm
- Plexiglasscheibe, 4 mm, 10 x 20 cm
- 2 kleine Scharniere
- Kantholz, 3 x 3 cm, 9 cm
- Acrylfarben in Weiß, Beige, Grau, Ocker, Dunkelbraun

Vorlagen 16, 17, Seite 74–77

Vorderansicht

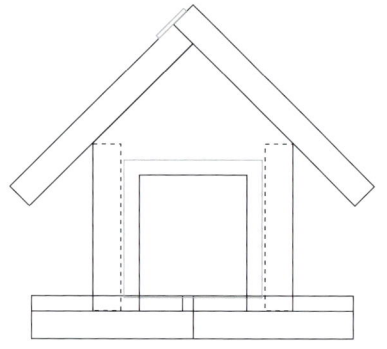

Seitenansicht

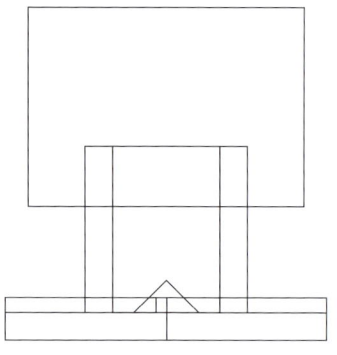

1 Zuerst alle Bauteile zusägen:

1 kurze Dachfläche: 18 x 15 cm

1 lange Dachfläche: 18 x 16,8 cm

2 Seitenteile: 7 x 11 cm

2 Vorderseiten: 13 x 17,5 cm (nach Vorlage mit eckiger Türöffnung)

1 Bodenplatte: 21 x 21 cm

2 lange Abschlussleisten: 21 cm (1 x 1 cm)

2 kurze Abschlussleisten: 19 cm (1 x 1 cm)

2 Plexiglasscheiben (Tür): 9 x 9 cm

3 Teile für den Schlitten (Kufen und Sitzfläche) und

2x das Geweih (siehe Vorlage)

Für den Keil das 9 cm lange Kantholz diagonal halbieren (siehe Skizze auf Seite 61).

2 Alle Kanten mit Schleifpapier glätten. Nun alle Teile zusammenbauen, dabei auch die Anleitung und Hinweise auf den Seiten 58/59 beachten. Die beiden Seitenteile mit wasserfestem Holzleim zwischen den Vorderteilen, bündig zu den Außenkanten, einkleben. Die Abschlussleisten randbündig auf die Bodenplatte kleben. Die beiden Dreiecke für den inneren Keil zusammenkleben (siehe Skizze). Die beiden Dachbretter mit den beiden kleinen Scharnieren verbinden und die beiden zugesägten Kufenbretter unter die Sitzfläche des Schlittens kleben.

3 Ist der Holzleim getrocknet, alle Teile grundieren, trocknen lassen und anschließend gemäß Foto bemalen. Die Farben zwischen den einzelnen Malschritten trocknen lassen.

4 Die Plexiglasscheiben von innen so hinter die Türöffnungen kleben, dass unten ein 2 cm breiter Spalt offen bleibt. Das Haus diagonal auf die Bodenplatte kleben, den dreieckigen Keil so einsetzen und ankleben, dass er mittig zwischen den

beiden Öffnungen sitzt und das Futter in beide Richtungen zu den Türen hinausrutschen kann.

5 Das Dach auf die Schrägen der Fronten auflegen und das längere der Dachbretter an den Fronten ankleben. Auf einen gleichmäßigen Dachüberstand auf beiden Seiten achten. Die Deko-Geweihe ebenfalls nur am längeren der beiden Dachbretter ankleben, so blockieren sie beim Aufklappen des Daches nicht. Bis der Holzleim getrocknet ist, eventuell mit Kreppklebeband fixieren.

Keil: Kantholz, 3 x 3 cm, 9 cm lang

1. diagonal halbieren

2. zusam-mensetzen

61

WINDMÜHLE

MATERIAL

- Holzbrett, 19 mm, 100 x 25 cm
- Sperrholzbrett, 4 mm, 10 x 20 cm (für die Windmühlenflügel)
- 2 Holzleisten, 1 x 1 cm, 1 m lang
- Plexiglasscheibe, 4 mm, 20 x 10 cm
- Kantholz 3 x 3 cm, 15 cm lang
- 2 kleine Scharniere
- Holzplatine, 22 mm Ø
- Acrylfarben in Weiß, hellem Blaugrau, dunklem Grau, Ocker, Braun

Vorlagen 16, 18, Seite 77

Vorderansicht

Seitenansicht

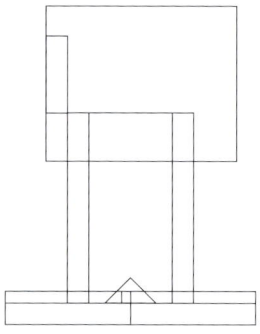

Mühlenflügel

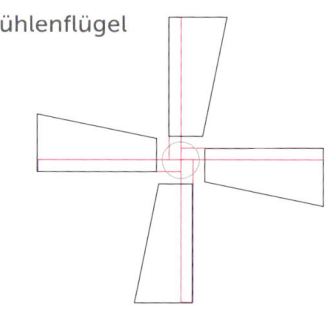

1 Zuerst alle Bauteile zusägen:

1 kurze Dachfläche: 16 x 12 cm

1 lange Dachfläche: 16 x 13,8 cm

2 Seitenteile: 7 x 16 cm

2 Vorderseiten: 13 x 22,5 cm, siehe Vorlage (hohe Form) mit runder Türöffnung

1 Giebeldreieck: 13 x 6,5 cm (siehe Vorlage)

1 Bodenplatte: 21 x 21 cm

2 lange Abschlussleisten: 21 cm (1 x 1 cm)

2 kurze Abschlussleisten: 19 cm (1 x 1 cm)

2 Plexiglasscheiben (Tür): 9 x 9 cm

4 Holzleisten: 12 cm lang (1 x 1 cm)

4 Windmühlenflügel: 10 x 5 cm (4 mm), siehe Vorlage

1 Kantholz (Keil innen): 9 cm lang (3 x 3 cm), diagonal halbieren

1 Kantholz (Vordach an der Seite): 6 cm lang (3 x 3 cm), diagonal halbieren

2 Alle Kanten mit Schleifpapier glätten. Nun alle Teile zusammenbauen, dabei auch die Anleitung und Hinweise auf den Seiten 58/59 beachten. Das Giebeldreieck zu den beiden oberen Kanten bündig auf eine der Vorderseiten kleben. Die beiden Seitenteile mit wasserfestem Holzleim zwischen den Vorderseiten, bündig zu den Außenkanten, einkleben. Die Abschlussleisten randbündig auf der Bodenplatte fixieren. Die beiden 9 cm langen Dreiecke für den inneren Keil und die vier Holzleisten für die Flügel jeweils zusammenkleben (siehe Skizzen). Die beiden Dachbretter mit den zwei kleinen Scharnieren verbinden.

3 Sind alle Klebestellen getrocknet, sämtliche Einzelteile grundieren und anschließend laut Foto bemalen.

4 Die Plexiglasscheiben von innen so hinter die Türöffnungen kleben, dass unten ein 2 cm breiter Spalt offen bleibt. Das

Haus diagonal auf die Bodenplatte kleben, den 9 cm breiten Keil so einsetzen und ankleben, dass er mittig zwischen den beiden Öffnungen sitzt und das Futter in beide Richtungen zur den Türen hinausrutschen kann.

5 Die beiden 6 cm langen Dreiecke als kleine Vordächer an die Seitenwände kleben. Die Mühlenflügel auf das Kreuz aus Holzleisten kleben und die Holzplatine mittig aufsetzen. Das Dach auflegen und das längere der beiden Dachbretter an den Giebelkanten der Vorderseiten ankleben. Dabei muss die Dachkante mit dem aufgesetzten Giebeldreieck bündig abschließen, da hier die Mühlenflügel aufgeklebt werden.

Keil: Kantholz, 3 x 3 cm, 9 cm lang

1. diagonal halbieren

2. zusammensetzen

FUTTERHÄUSCHEN

MATERIAL

Für beide Futterhäuschen

- Anfeuerholzstücke (teilweise mit Rinde), ca. 1,5 cm breit, je ca. 19 cm
- Kaminspaltholzstücke (Dach), 1–2 cm stark, je ca. 26 cm
- Kiefern-, Lärchen- und Erlenzapfen
- Baumrinde
- Holzstern in Weiß, 7 cm Ø
- Filzsterne in Weiß, 3,5 cm Ø
- Silberkugel, 2,5 cm Ø
- Bronzekugel, 3,5 cm Ø
- Bindedraht, 0,35 mm Ø
- Paketschnur, 6 mm Ø
- Futterstrang, 14,5 cm

1 Die Grundform eines Häuschens entsteht aus Anfeuer-holz: Die Holzstücke der Abbildung entsprechend mit Heiß-kleber zusammenfügen. Aus Kaminspaltholz entsteht das Dach: Diese Stücke mit Heißkleber von der Rückseite her an der Grundform anbringen. Die Futterhäuschen mit Zapfen, Sternen, Kugeln und Borkenstücken dekorieren.

2 Eine Paketschnur von der Rückseite her ankleben. Den Futterstrang mithilfe des Bindedrahtes befestigen.

TIPP
Die Verpackung des Futters nicht mit Heißkleber anbringen, denn das Plastiknetz würde bei der hohen Temperatur schmelzen.

TONTOPF MIT HERZ

MATERIAL

- Tontopf, 15,5 cm Ø
- Wasserfest verleimtes Sperrholz, 12 mm, 11 x 11 cm
- Ringschraube, 2 x 12 mm
- Bindedraht, 1,2 mm Ø, 70 cm
- Ast, etwa 2 cm Ø, 8 cm
- Naturbast
- Lärchenzapfen
- Acrylfarben in Weiß, Rot
- Futterkugel

Vorlage 15, Seite 73

1 Den Tontopf rundherum mit Lärchenzapfen dekorieren. Ein 65 cm langes Drahtstück zuschneiden und an einem Ende eine etwa 20 cm Schlaufe biegen, darunter das kleine Aststück quer auflegen und das Drahtende zweimal stramm rundherum wickeln. In das Drahtende einen Haken biegen.

2 Die Schlaufe etwas zusammendrücken und von innen durch das Bodenloch des Topfes schieben, das Aststück legt sich dabei waagerecht vor das Loch. Auf diese Weise kann der Topf aufgehängt werden. Einen Bastfaden um die Drahtschlaufe legen und zur Schleife binden, zwei Zapfen als Deko anbringen.

3 Das Herz laut Vorlage aus dem Sperrholz sägen und ein Streifenmuster aufmalen, dabei die Streifen jeweils mit Kreppklebeband abkleben (siehe Seite 7).

4 Die Ringschraube oben in das Herz eindrehen, ein etwa 5 cm langes Drahtstück an der Ringschraube befestigen und in das andere Ende einen Haken biegen.

5 Eine Futterkugel an dem Haken im Topf einhängen, das Herz an der Futterkugel fixieren.

Tannenmeise

FUTTERDREIECKE

MATERIAL

- Aststücke, ca. 2 cm Ø,
  ca. 36 cm lang (je Dreieck)
- Holztannenbäume in Dunkelgrau,
  10 cm
- Kiefernzapfen
- Filzsterne in Grau, 6 cm Ø
- Sisalseil, 1 cm Ø, 80 cm
- Jutekordel, 4 mm Ø
- Schrauben (Länge je nach
  Holzstärke)
- Vogelfutter (Ringe, Herz, Erdnuss-
  strang, kleine Maiskolben)

1 Die Äste der Abbildung entsprechend mit Schrauben zu einem Dreieck verbinden, dabei die untere Stange von vorn anschrauben.

2 Die Schrauben mit Sternen und Zapfen verdecken.

3 Ein Sisalseil jeweils als Aufhängung anbringen.

4 Mit Jutekordel die einzelnen Elemente des Vogelfutters sowie die Tannenbäume an die fertigen Dreiecke hängen.

Feldsperling

VORLAGEN

Vorlage 3

Vorlage 1

Vorlage 1

Vorlage 3

Vorlage 2

Vorlage 4

Vorlage 4

Vorlage 4

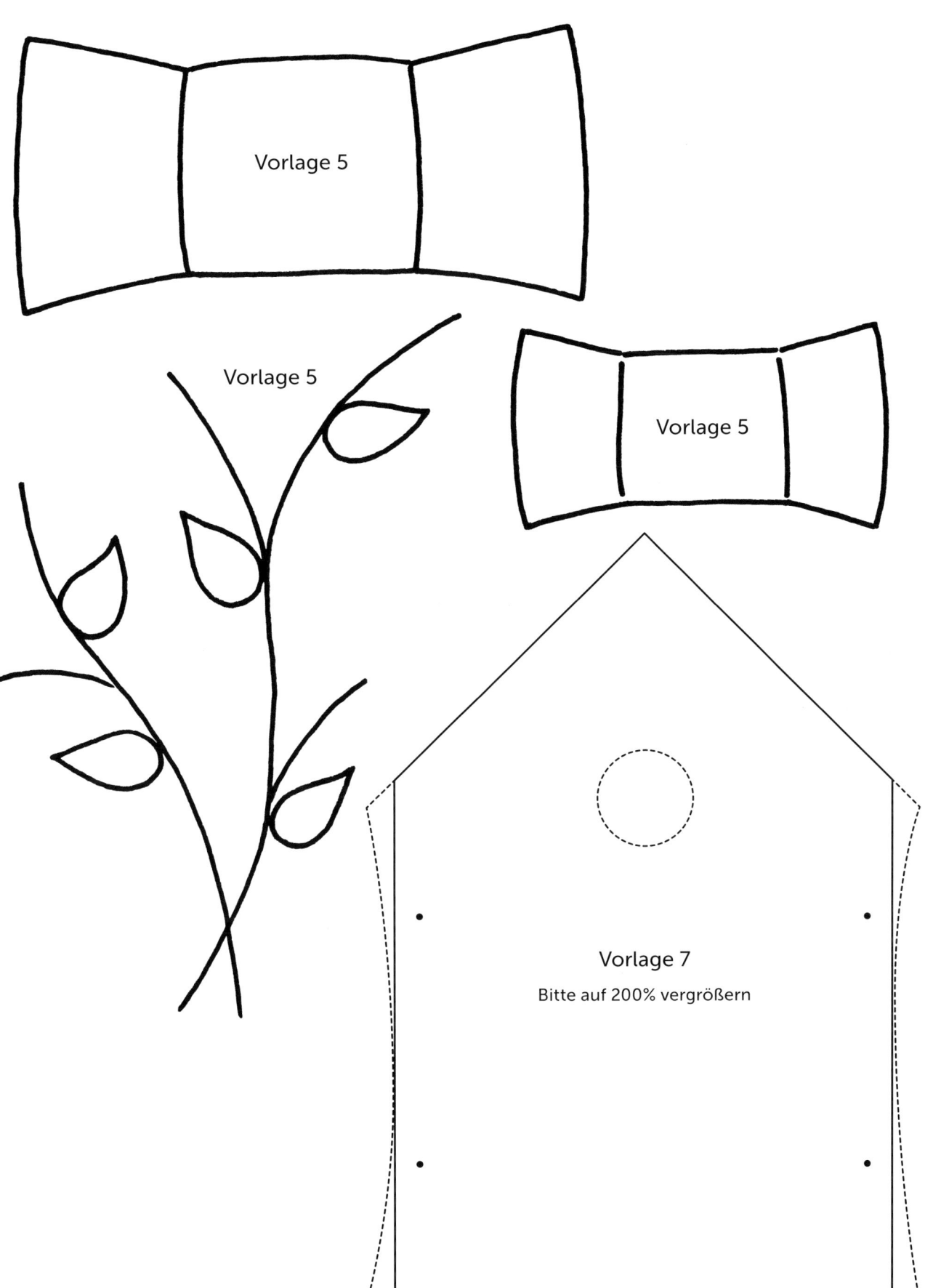

Vorlage 5

Vorlage 5

Vorlage 5

Vorlage 7

Bitte auf 200% vergrößern

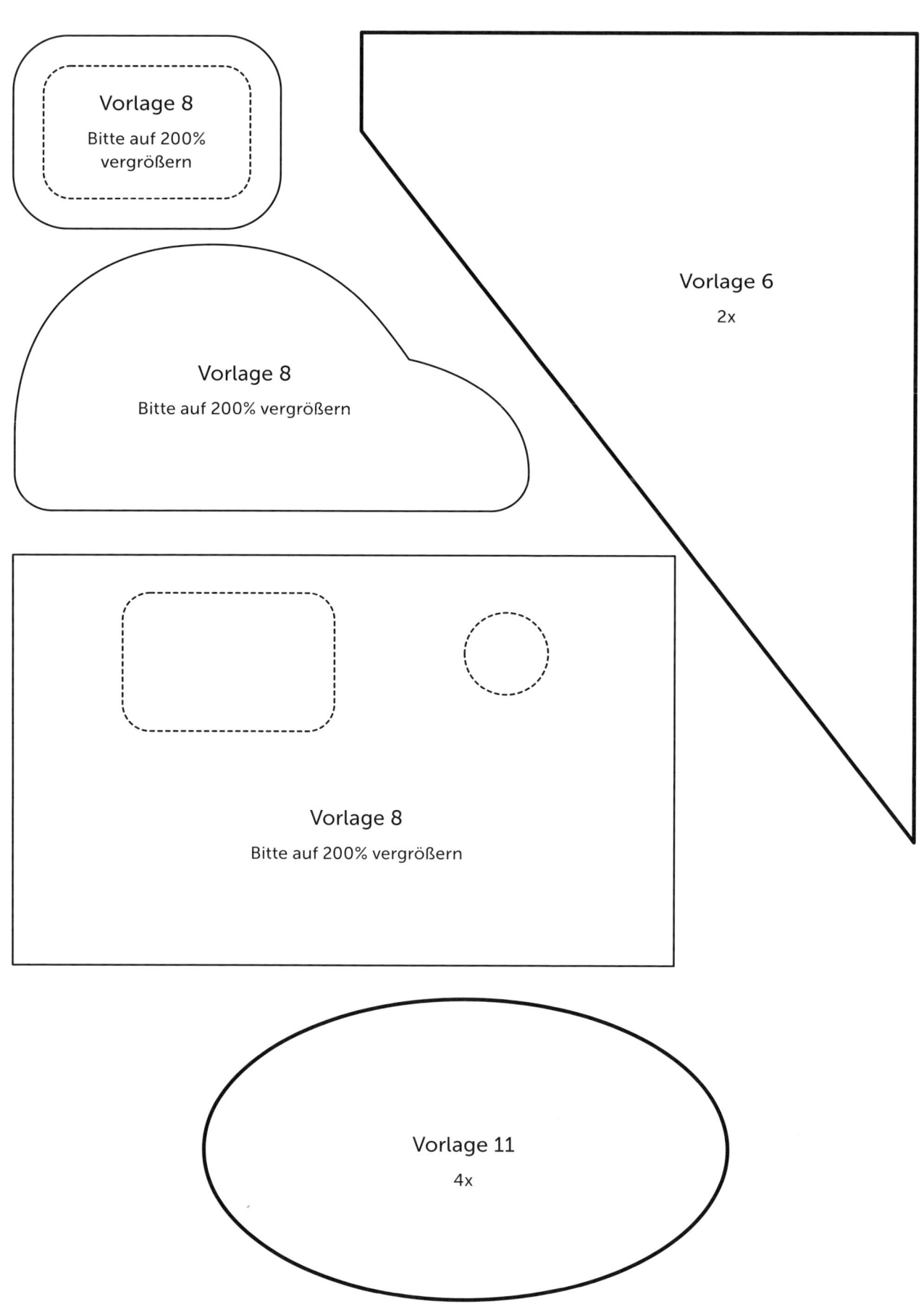

Vorlage 8

Bitte auf 200% vergrößern

Vorlage 8

Bitte auf 200% vergrößern

Vorlage 6

2x

Vorlage 8

Bitte auf 200% vergrößern

Vorlage 11

4x

Vorlage 9

Bitte auf 200% vergrößern

Vorlage 15

Vorlage 10

2x

5x

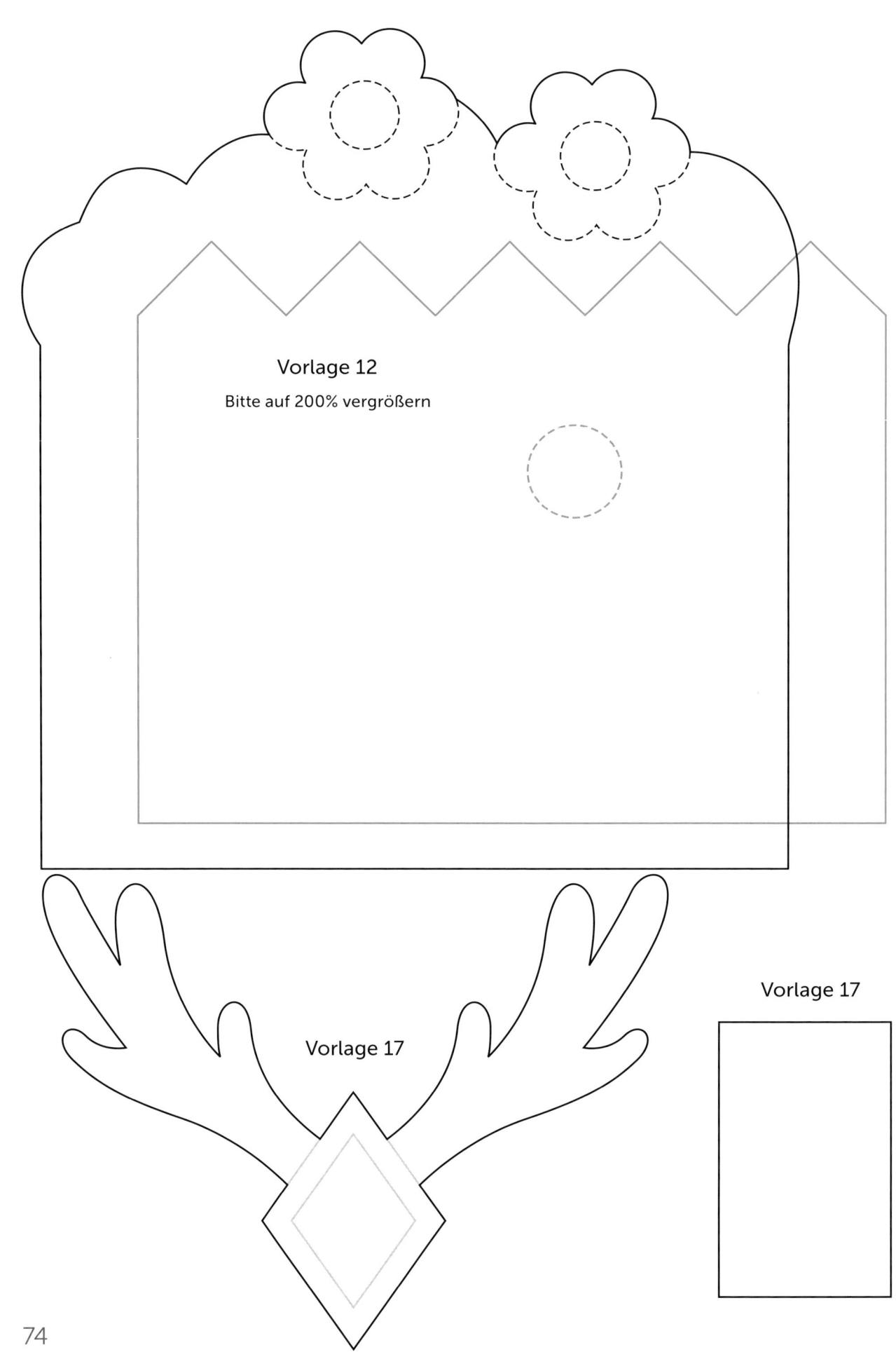

Vorlage 12

Bitte auf 200% vergrößern

Vorlage 17

Vorlage 17

Vorlage 17

Vorlage 12

Bitte auf 200% vergrößern

Vorlage 13

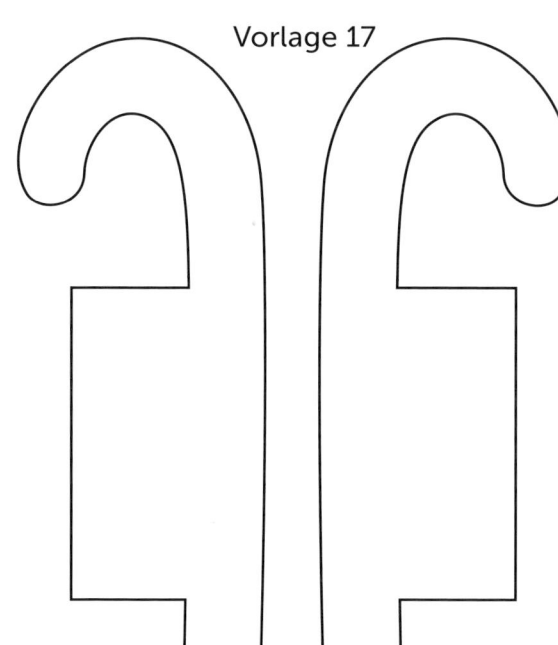

Vorlage 17

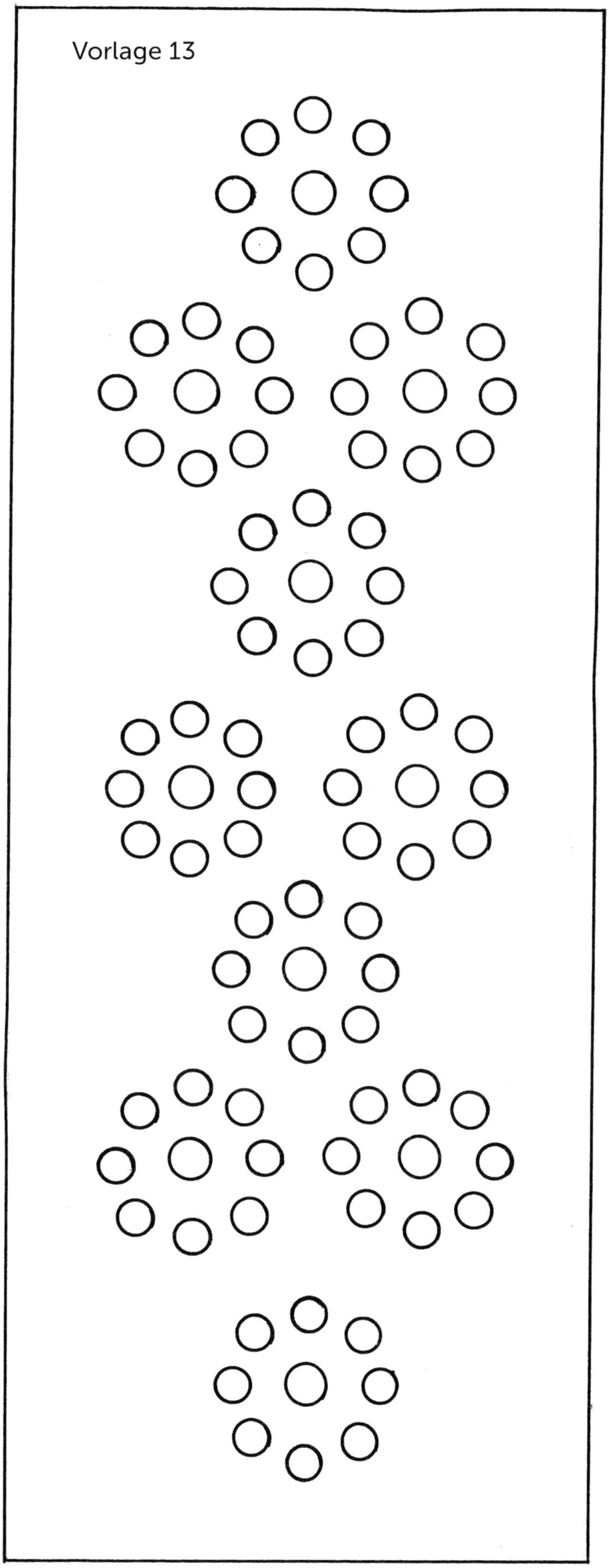

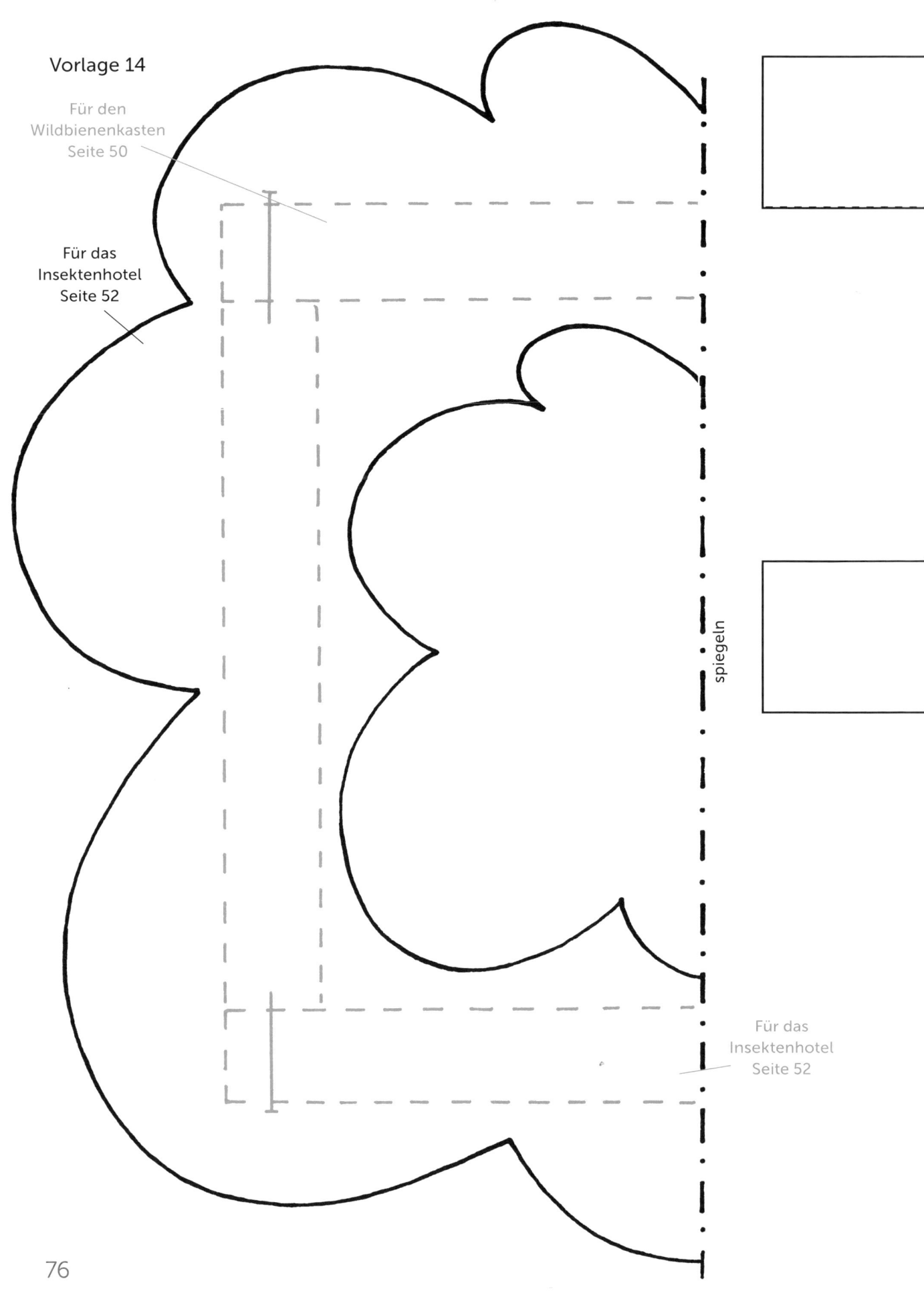

Vorlage 14

Für den
Wildbienenkasten
Seite 50

Für das
Insektenhotel
Seite 52

Für das
Insektenhotel
Seite 52

spiegeln

76

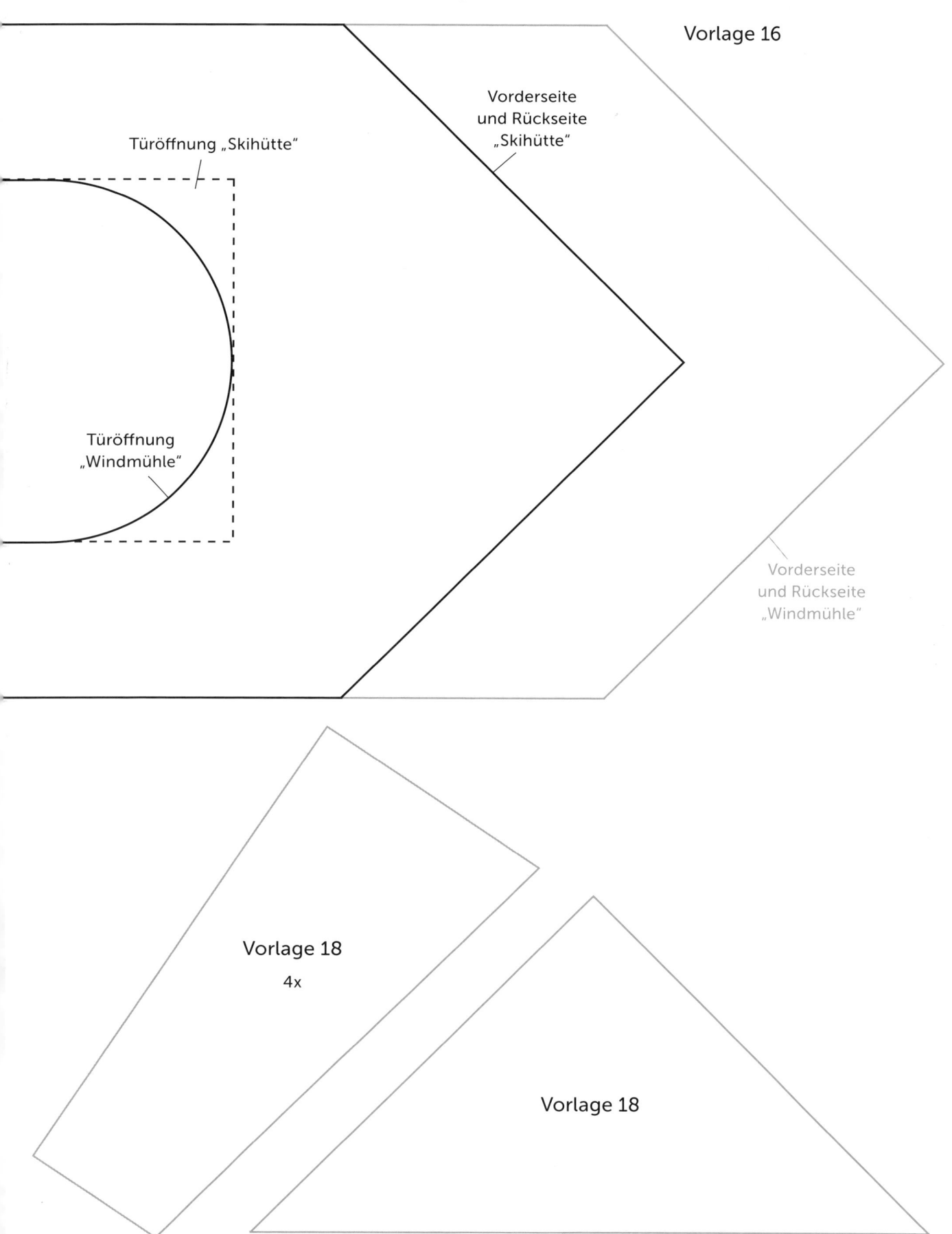

Vorlage 16

Vorderseite
und Rückseite
„Skihütte"

Türöffnung „Skihütte"

Türöffnung
„Windmühle"

Vorderseite
und Rückseite
„Windmühle"

Vorlage 18

4x

Vorlage 18

Impressum

Autorinnen und Autor:

Marion Dawidowski, Seiten 12–29, 50–53, 66/67

Mareike und Hans-Werner Grün, Seiten 32–45, 58–63

Angelika Kipp, Seiten 64/65, 68/69

Ingrid Moras, Seiten 48/49

Fotos und Styling: Roland Krieg, Waldkirch

Seite 54/55: ©iStockphoto.com/JFsPic

Fotolia.com: Blaumeise, Seite 8: © fotomaster

Feldsperling, Seite 56, 68: © Johannes D. Mayer

Gartenrotschwanz, Seite 28: © Julius Kramer

Grauschnäpper, Seite 10, 24: © sid221

Hausrotschwanz, Seite 2: © DirkR

Kohlmeise, Seite 4, 30: © hfox

Star, Seite 18: © fotomaster

Tannenmeise, Seite 66: © net_stalker

Wildbienen, Seite 46, 50, 54: © emer

Arbeitsfotos Seiten 6–15: Marion Dawidowski

Gesamtgestaltung und Satz: GrafikwerkFreiburg

Reproduktion: RTK & SRS mediagroup GmbH

Druck und Verarbeitung: Neografia, Slowakei

ISBN 978-3-8388-3654-6

Art.-Nr. 3654

☏ Kreativ-Service

Sie haben Fragen zu den Büchern und Materialien? Frau Erika Noll ist für Sie da und berät Sie rund um alle Kreativthemen. Rufen Sie an! Wir interessieren uns auch für Ihre eigenen Ideen und Anregungen. Sie erreichen Frau Noll per E-Mail: **mail@kreativ-service.info** oder Tel.: **+49 (0) 5052 / 91 18 58**

Besuchen Sie uns im Internet: **www.christophorus-verlag.de**